局部规则与共生秩序
"城市区域"协调发展的博弈分析

吴 超 著

中国建筑工业出版社

图书在版编目（CIP）数据

局部规则与共生秩序 "城市区域"协调发展的博弈分析 / 吴超著 . —北京：中国建筑工业出版社，2015.10
ISBN 978-7-112-18529-0

Ⅰ.①局… Ⅱ.①吴… Ⅲ.①城市规划 Ⅳ.①TU984

中国版本图书馆 CIP 数据核字（2015）第 233700 号

责任编辑：唐　旭　杨　晓
责任校对：陈晶晶　赵　颖

局部规则与共生秩序
"城市区域"协调发展的博弈分析
吴　超　著

*

中国建筑工业出版社出版、发行（北京西郊百万庄）
各地新华书店、建筑书店经销
北京嘉泰利德公司制版
北京云浩印刷有限责任公司印刷

*

开本：880×1230毫米　1/16　印张：8$\frac{1}{2}$　字数：193千字
2016 年 1 月第一版　2016 年 1 月第一次印刷
定价：**48.00元**
ISBN 978-7-112-18529-0
　　　　（27772）

前　言

　　全球化带来不断加剧的城市、区域竞争。

　　围绕一个或几个"全球化城市"或"正在崛起的全球城市"，相邻城市间紧密联系、共同发展，存在一体化趋势的城镇密集地区，既是代表国家参加全球化竞争的重要节点，也是地方社会经济发展的重要空间载体。这种新的城市区域化地区即为"城市区域"。

　　1990年代，国内主要的"城市区域"广泛参与全球化，开始经历新一轮的经济地理集聚，内部建立起日益密切的社会经济联系，也出现了这样那样的问题和矛盾，机遇与挑战并存。伴随城市经济增长与用地扩张，经济地理结构不断重组。区域一体化是趋势，协调发展是实现一体化的方法与路径，可持续发展与提高整体竞争力是基本的目标。

　　区域化将以"全球化城市"为核心，紧密联系、共同发展的相邻城市联系成一个复杂巨系统。系统的复杂学原理告诉我们，协调意味着"减熵"，即尽可能减少内部的矛盾与冲突，保持稳定的秩序与结构，对外承担特定的功能。系统内部的"局部规则"与"共生秩序"对此具有决定性的影响。

　　"城市区域"的"局部规则"即城市竞争策略及其影响区域协调发展的机制。"共生秩序"即城市协作的制度安排及其影响区域协调发展的机制。城市竞争与区域协作，相邻城市在竞争过程中采取对抗还是妥协的策略，都避不开决策问题。"博弈论"关于决策策略的研究将为"城市区域"协调发展提供新的思路和方法。

　　本书尝试通过对城市竞争策略、合作制度的研究分析，梳理出区域协调发展的影响因素，以及城市竞争的动力机制和区域协作的模式原理，丰富区域发展研究的理论和实践。研究的总体目标包括：①总结城市竞争策略及其对区域协调发展的影响，针对不协调的现象提出城市竞争策略建议；②归纳区域协作的制度安排和管理模式，为区域管制提出高效、稳定的制度方案建议。全书共分七章。

　　第一章是绪论，介绍了全球化、区域化发展的背景，对"城市区域"的概念进行了界定，分析了其内涵和外延，总结了"城市区域"中城市竞争与区域协作的互动模式。

　　第二章以历史演进的视角，梳理了区域研究的萌芽、发展与趋势，梳理了国内外对相关概念、理论和实践的探讨。

　　第三章是城市区域协调发展的系统分析，借助系统学的思想和研究方法，分析"城市区域"协调发展作为复杂巨系统的构成与特征，分析了系统协调发展的实现过程；借鉴生态系统学关于共生原理、复杂系统学关于局部规则的研究成果，探求在城市区域协调发展中的启示。

第四章是城市区域协调发展的局部规则，即地区本位的城市竞争及其非合作博弈分析的研究。首先分析了当前的经济竞争带有强烈的地区本位色彩，地方政府在其中发挥着主导作用，城市已成为竞争的行为主体。进而，运用非合作博弈论的方法对城市竞争、策略选择及其对区域协调发展的影响作出分析。

第五章是城市区域协调发展的共生秩序，即区域协作及其合作博弈分析的研究。首先，梳理了当前"区域主义"运动的特征和趋势；分析了区域管治及制度安排。进而从集体理性的角度，分析了竞争主体达成"动态联盟"的充分必要条件，并结合"城市区域"协作的制度安排、组织模式提出了政策建议。

第六章以珠江三角洲为例具体分析了城市竞争与区域协作。一方面，针对珠江三角洲地区本位竞争导致的不协调现象，通过典型问题的分析，提出解困的思路和若干建议；另一方面，结合珠江三角洲的现实，尝试对管理组织的制度安排提出思路和方案。

第七章讨论了作为增长管理政策工具的区域规划。传统上区域规划缺乏实施明确的法律依据和手段，借鉴"多规合一"关于空间管制的实践，探讨了在区域层面建立空间控制线体系的可行性、必要性。

研究过程中，讨论到地区本位竞争中市场保护、产业同构以及动态竞争的博弈分析时，难以避免会使用到数学推导，为了不影响书写的连贯，正文中只采用了数学推导后的结论，具体演算过程整理后附在"附录一：城市竞争典型问题的博弈分析"中。出于同样的考虑，书中将区域协作中达成"动态联盟"、构建"利益分配机制"博弈分析的数学推导、演算过程附在"附录二：动态联盟利益分配机制的博弈分析"中，有兴趣的读者可以延伸阅读。

关于空间规划的章节中，城市层面空间规划的矛盾与冲突、"多规合一"的具体做法，可以给面向空间管制的区域规划带来关键的启发，但不是本书讨论的重点，相关研究也整理后附在附录三、四中，关联的阅读可以使读者有更全面的了解。

目　录

第一章 绪论：全球竞争与区域协作

　　人们对经济活动国际化（Internationalization）的关注最早可以追溯到15世纪早期的跨国贸易活动。当代，特别是第二次世界大战结束以来，国际政治局势总体缓和，和平和发展成为世界的主题，跨国公司的发展得到前所未有的机遇，世界范围国际贸易总量不断增长，国际技术合作日益紧密，国家间的相互依存度不断提高。

　　"经济全球化"（economic globalization）作为专用名词是国际经合组织（OECD）前首席经济学家卜奥斯特雷1990年首次提出来的，用以描述1990年代以来经济资源在全球范围内大规模和高强度流动的现象。今天，伴随科技进步与交通、通信事业的发展，经济全球化正对人类社会生活的方方面面带来日益深刻的影响。

一、全球化与区域化

　　1980年代以来，关于"世界城市"（World City）和"世界城市体系"（The World City System）的讨论引起了人们的普遍关注。Sassen（Sassen，1991）理解经济全球化具有在地域范围高度分离和在全球范围高度整合的二重性特征。传统的城市职能和城市等级体系受到经济全球化的冲击，一些原先具有世界影响的城市，由于日益集聚高附加值的生产经营活动，地位逐渐提高，以致在国际经济活动中占据至关重要的地位，称为"世界城市"。Friedmann（Friedmann J.，1986，1995）将城市与世界经济整合的程度与其在新国际劳动分工体系中的地位相联系，提出了"世界城市体系"的假说（The World City System Hypothesis），认为伴随经济全球化，世界范围内规模不等、职能不同的城市共同构成了具有等级结构的世界城市体系，包括"世界级、区域级、国家级和次国家级"的等级，城市经济规模、经济实力、技术创新和政治变革等因素是等级划分的重要依据。

　　全球化与区域化成为当前关注的重点。传统的观点认为全球化的发展将不可避免地导致空间距离影响减弱，地域性逐渐淡化，可现实的发展却是伴随全球化，空间距离的影响在加强，邻近城市之间区域化趋势明显，作为地域性的空间组织在全球经济活动中的地位和作用都在加强。研究的重点是不断加深对当前发展趋势的理解、判断，并在社会、经济和政治管治中作出适时应对。

　　全球化带来日益激烈的竞争，城市间频繁出现各种矛盾和利益冲突，协调发展和提升城市及整体区域的竞争力成为普遍关注的焦点，相应的机制、原则和制度安排成为另一个重要方向。

区域一体化成为发展趋势，区域发展调控的手段、方式和层级都在不断变化，整合政府、市场和其他调控资源，建立公平与效率兼顾的管治体系成为在竞争中取得优势的关键。

1915年，英国生态和规划学家格迪斯研究了英国伴随工业化城市快速扩张的现象，在《进化中的城市》（Cities in Evolution）一书中将工业城市快速扩张导致诸多功能及其影响范围超越边界，而与邻近城市交叉重叠的地区称为"城市区域"（Geddes P., 1915）。格迪斯总结当时英国存在包括大伦敦在内的七大"城市区域"，当时法国的巴黎地区、德国的柏林地区和鲁尔地区，以及美国的匹兹堡、芝加哥和纽约地区也属于城市密集分布、功能交叉重叠的"城市区域"。

1960年代，Dickinson将"城市区域"进一步发展为"城市功能经济区域"，强调城市经济辐射范围以及腹地与城市之间的功能与经济联系（Dickinson，1967）。

1990年代，伴随全球化（globalization）和多个层级（multi-scale）的区域化（regionalization）发展，"城市区域"又有了新的内涵。2001年，美国地理学家Scott和英国规划学家Peter Hall分别发表了名为《全球城市区域》（Global City Regions）的著作。Scott基于"世界城市"和"世界城市体系"理论，指出全球化的发展使世界城市体系在地方的节点并不局限于世界城市"飞地式"的增长，而是扩大到以世界城市为核心，与其有密切联系的功能区域。Scott将这种不属于通常意义上的城市范畴，也不等同于传统意义上的城镇密集区，而是在全球化前提下以经济联系为基础，由世界城市及其腹地数个次级城市扩展联合形成的独特的空间现象称为"全球城市区域"（global city regions）（Scott，2001）。Scott强调全球化发展极大地便利了物质、信息、资本以及人员的空间流动，空间邻近在生产组织中的作用和意义并没有随交通成本的大幅度减低而减弱，反而随交流频度和幅度的增大而强化，在新兴的信息产业、高级生产性服务业以及对创新要求高的高技术行业中更是如此，由此引发了新一轮的经济空间集聚，成为地方层面区域化发展的动力，伴随城市区域化的发展，全球化在世界范围的影响迅速扩大，增加了其在更大范围动员资源的能力。"全球城市区域"既是全球化发展的结果，也是全球化发展的动力（Scott，2001）。

Peter Hall着眼于全球城市区域的内部功能联系及其空间表现形式，认为相对于世界城市将定义建立在与外部物质、信息、技术等交换的基础上，"全球城市区域"的概念主要强调的是区域内部密切的相互联系，这种功能经济联系投影于空间，常常使全球城市区域表现出"多中心圈层式"的空间结构形态，其核心是作为世界城市体系主要节点的中央商务区，渐次向外是新的商业中心区、内部边缘城市、外部边缘城市、边缘城镇复合体以及最外围遵循劳动地域分工的专业化次等级中心，分别承担不同的功能分工，圈层结构与圈层功能的专业化是同步形成的（Hall P., 2001）。

Scott提出"全球城市区域"概念，突破了20世纪早期格迪斯关于城市区域空间形态和1960年代关于其内部功能联系的认识水平。Peter Hall则强调"全球城市区域"具有多中心圈层式的空间结构特征，开展实证研究的对象多局限在西方国家中处于世界城市体系核心的世界级城市及其周边地区。

也有学者提出较"全球城市区域"更为宽泛的"城市区域"概念，范围涵盖广大发展中国家国际化程度不高，在世界城市体系中处于末端，甚至按照严格国际化标准尚难以被称为世界城市的大中城市密集分布的区域，但强调区域主要城市应具有成为国际化城市的潜力，并处于快速国际化发展之中，其中的节点城市则称作"正在全球化城市"（globalizing city）或"正在崛起的世界城市"（emerging globalizing city）（Yeung H. W.，Olds K.，2001）。

欧洲 1980 年代以来，在区域规划和区域管治的探讨中也常常使用"城市区域"的概念，表达空间形态上一定发展阶段的城市密集分布区，以及社会、经济和政治结构上伴随区域化发展产生的新的功能单元，成为国家和地方管治及政策的主要层级（Tassilo H.，Peter N.，2002），相关讨论受到普遍关注。

1990 年代以来，关于"城市区域"新一轮的发展内涵十分丰富，既包括密切的社会经济联系，相邻地理单元之间协作的各种制度、政策和管治机制（Brenner N.，2002），也包括协作的措施和计划、区域规划、基础设施建设等（Nathan M.，2000）（表 1–1）。

1990 年代以来"城市区域"运动的措施和政策

表 1–1

原因（结构调整和层级调整的过程）	对城市和区域发展结果的影响	导致的管治问题	城市区域的解决措施和政策	实例
经济全球化的影响（全球经济重构）（Global economy restructuring）	· 在向"偏向生产"（lean production）转变中的去工业化和再工业化发展 · 城市之间在区域层面、国家层面乃至大洲和全球层面关于流动资金的日趋激烈的竞争	· 资本快速流动、失业和废弃的传统产业基地 · 地方劳力技能不足 · 产业基础设施不足 · 加剧了地方财政紧张和税费不足	区域经济增长政策 （1）引进战略规划和开拓市场战略 （2）人员培训、拓展公司网络 （3）支持区域经济增长 （4）动员公众对大型项目的支持	· 海湾地区理事会（Bay Area Council）（San Francisco） · 大都市合作计划（Metropolis Projects）（Chicago） · Greater Houston 合作伙伴关系 · Greater Seattle 商业发展联盟
经济景观演变的影响（城市形态的空间重构）（Spatial reconstitution of urban form）	· "边缘城市"（edge city）兴起 · 行政管辖范围的"碎化"（jurisdictional fragmentation） · 城市蔓延 · 人口和工业的分散 · 城市问题延伸到郊区	· 公共资源和社会需求在空间上的不匹配 · 公共服务提供的低效率 · 贫困和少数民族在市中心的空间积聚 · 严重的交通阻塞 · 环境恶化	区域增长管理和环境管理政策 （1）共享区域增长的繁荣，协调竞争 （2）协调区域规划、基础设施投资等区域行为 （3）区域土地使用规划 （4）环境保护立法	· 美国新泽西、俄勒冈、佛罗里达、佐治亚等州通过州的法律 · 在美国亚特兰大、波特兰、明尼阿波利斯－圣保罗等地由州政府批准大都市议会具有规划权
对"新自由主义"政策的反思（新自由主义政府重构）（Neoliberal state restructuring）	· 联邦分权、政府"瘦身"（lean government），以及企业化的城市政府 · 城市/郊区财政不平等加剧 · 从福利（welfare）向工作福利（workfare）的转变 · 基于阶层和种族的社会空间极化	· 地方财政危机 · 在提高可支付的住房、学校教育、公共交通以及提高基础设施等关键的社会服务中缺乏必要的资金 · 强化地方政府的强制功能（警察、监狱） · 社会动荡	区域税收共享和再分配政策 （1）设立区域共享税收 （2）低收入住房、公共交通和基础设施的区域供给 （3）立法反对和限制在住房市场中的种族歧视	· Twin Cities 大都市区税收共享系统 · 美国科罗拉多州丹佛地区成立了区域财产区 · 美国马里兰州县、蒙哥马利、明尼阿波利斯－圣保罗等大都市区为低收入者提供住房的计划

资料来源：参考Figure 1 Metropolitan Regionalist Projects in the 1990s: The New Conjuncture in the USA.引自 Brenner N.Decoding the Newest "Metropolitan Regionalism" in the USA: A Critical Overview［J］. Cities, 2002, 19（1）: 12.

2000 年，我国著名的建筑学家、规划学家吴良镛先生，在借鉴国外"世界城市"、"世界城市体系"和"全球城市区域"等先进理论的基础上，比较系统地阐述了"城市地区"（city regions）。结合我国城市、区域发展的现实，在区域规划中加以运用，提倡规划建设我国"连接世界经济新节点的'城市地区'"，以我国国际化程度最高的三座城市：香港、上海、北京为核心的珠江三角洲、长江三角洲和京津冀北地区（大北京都市区）最有可能成为这样的"城市地区"（吴良镛，2000），并结合规划实践，以上海市及其周边地区为例探讨了"城市地区"的空间秩序与协调发展规划的主要原则（吴良镛、武廷海，2002）；2003 年，讨论了全球竞争对区域化发展的影响，指出当前的城市竞争已经演化为城市所在地区的竞争，全球城市为了提高整体竞争力，而采取协作、合作方式形成"区域城市网络"的"全球城市地区"已经成为趋势，倡议中国沿海城市密集区"从全球的高度，以区域的观念，推进区域协调……（并）加强城市和区域规划"（吴良镛，2003）。

2003 年余丹林、魏也华系统地阐述了 Scott 的"全球城市区域"理论，对比分析了发展中国家"正在全球化城市"或"正在崛起的全球城市"的概念，主张将广大发展中国家快速发展并不断国际化的城市密集地区纳入到城市区域的探讨中来（余丹林、魏也华，2003）。

二、城市竞争与区域协作

在全球化和区域化的发展中，城市区域内部的城市竞争和区域合作是两种相互关联的重要过程。

从世界范围来看，地域之间经济竞争的地理层级正在发生变化，即从城市的层级向"城市区域"的层级过渡，与此相适应，城市竞争和区域协作的发展趋势也经历了从崇尚自由竞争的"新地方主义"（New Localism）向提倡竞争基础上的协作或竞争与协作并重的"新区域主义"（New Regionalism）转变。

城市之间的经济竞争受到关注始自 1980 年代，随着"新自由主义"政策的推行，西方国家政府，特别是中央政府干预经济活动的权限大为削弱（Sassen，1991），城市的决策者开始发挥越来越重要的作用。美国自 1980 年代开始推行联邦与地方政府关系改革，从强调均衡发展，以转移支付、财政资助为手段的福利主义转向了强调自由竞争、鼓励增长为目标的工作福利主义（Wallis，1994）。改革的主要措施包括：解散战后联邦、区域层面调控资源配置的机构及其制度安排；联邦对地方的转移支付、财政补贴大幅度减少；由政府承担的多种公共服务私有化；将主要的财政、管理责任下放到地方等。英国也于同时期开始从基于平等的再分配政策转向了基于竞争和发展效率的鼓励增长政策（Amin、Thrift，1995），先后出台数项法案鼓励基于增长的城市竞争，包括 1978 年的内城法案，1988 年的城市法案，以及 1990 年的城市挑战（City Challenge）计划等。

其他西方国家也大多经历了类似的转变，其直接后果就是城市成为参与国内外经济竞争的主体，和政府干预社会经济生活的主要层级。城市之间在抢夺资源、争取外资、促进地方经济增长方面展开了激烈的竞争，有学者称其为"新地方主义"（Clarke、Gaile，1998）运动。

1990 年代，全球范围资本和各种生产要素的流动性进一步加强，给城市产业、市场、资本、人才和贸易的发展带来更大的不确定性，以城市为单元的竞争风险不断增大，同时新兴产业、社会财富和金融资本集聚的空间尺度开始超越城市的层级，转向"城市区域"。由此，"城市区域"开始取代单个城市成为全球化主要的空间舞台。

美国进入1990年代以来，在主要的大都市区出现了"自下而上"的区域联合运动，出于提升整体竞争力的考虑，尝试了多种区域协调发展的制度安排，英国也于1997年成立了"区域发展组织"（Regional Development Agencies），并推出一系列区域发展计划，标志着英国基于区域的经济发展政策开始取代基于城市竞争的发展政策。有学者将1990年代后鼓励区域合作的一系列动议和发展策略称为"新区域主义"（New Regionalism）运动（Iain Deas、Kevin G. Ward，2000）。

总结经济全球化条件下的城市竞争和区域协作，可以将其表示为由水平、垂直两条轴线组成的坐标系（图1-1）。水平轴线的两端分别对应区域化、区域合作和全球化、全球竞争；垂直轴线的两端则分别表示1980年代鼓励竞争，强调通过市场机制调控发展的政策背景和1990年代以来鼓励区域协作，强调多元混合调控发展的政策背景。

"区域化—全球化、市场调控机制—多元调控机制"四个概念两两对应，彼此密切相关，共同构成了当前城市区域发展的经济组织背景。在这样的全球化图景中，传统的思维模式，包括单纯依靠市场调控机制下的城市竞争和一味强调国家调控机制下的区域均衡，都将面临极大的困难。

基于竞争与协作，市场机制和多元机制的整体协调发展及其调控才是城市区域发展的必然之选。

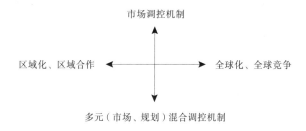

图1-1 当前城市区域发展的经济组织背景
（资料来源：参考张世鹏译，里斯本小组著（2000）《竞争的极限：经济全球化与人类的未来》中"未来世界组合坐标图"，经作者改绘。）

三、城市区域协调发展

区域协调发展的研究可以追溯到1950年代的区域规划工作，其主要内容是以工业基地建设为主导的区域综合开发整治，服务于国民经济社会发展计划在地域空间上的落实与延伸（崔功豪等，1999）。这一时期，由综合计划部门主导编制的区域规划直接对应于资源、资金的行政分配，很大程度上决定了不同行政区域的发展机遇。同时，一味追求平均主义限制了地方经济的发展，社会经济发展的总体效率受到影响。

1980年开始，对外开放和不断深入的市场化经济体制改革促使中国城市发展的社会经济环境发生了深刻的变化。首先，中央向地方的行政分权和系列财税体制改革提升了地方政府的地位，扩大了地方干预经济发展的能力、手段，也调动了城市政府干预经济发展的积极性；其次，市场竞争机制开始在城市内部和企业层面发挥良性激励作用，通过激发创造力、资源优化配置和加强管理效率等措施促进了地方经济发展；第三，城市政府作为市场竞争的管理者本身却成为城市之间和城市层面竞争的主体，由此带来一些负面效应，最突出的当数市场保护和重复建设；第四，在城市区域层面由于缺乏类似政府的竞争管理机构和制度，城市之间市场化竞争导致"公地悲哀"式的不协调现象，集中表现在区域公共品、区域生态环境保护、区域性基础设施建设等，供给不足。

有学者对比国外 1980 年代"新自由主义"的城市竞争后发现，中国以地方政府为主体的城市竞争有过之而无不及，并表示了这种竞争对社会经济长远发展不利的担心（沈建法，2003）。

1990 年以后，在中国主要的城市区域，如珠江三角洲城市群和长江三角洲城市群，伴随城市经济持续高速增长的同时，城市之间不协调的现象日趋显化，区域范围生态环境不断恶化，基础设施建设领域的重复建设和投资不足并存等现象引起了人们的关注。

城市区域协调发展再次成为谈论的焦点，提出的建议可以归纳为几种有代表性的观点：①主张强化区域规划并设立专职机构负责实施（周干峙，1997；吴良镛，2003；宁越敏等，1998；阎小培等，1997；张京祥等，2002）；②加强城市之间的相互交流以强化彼此的功能联系，明确职能分工（朱英明，2000；薛凤旋，2000；张尚武，1999）；③深化改革，推进和加速区域一体化（主要是市场一体化）进程，依靠市场机制取代"区域一盘棋"统一安排各项经济建设活动的思路，实现"激励相容"的协调发展（杨保军，2004）。

进入 21 世纪，随着中国全面加入 WTO，城市、区域的发展将不可避免地融入全球城市区域的网络体系中。全球化带来的机遇和挑战并存，中国城市区域的发展面临全球化时代共同的经济组织背景，协调发展的内涵和外延变得空前丰富，局面也更加复杂（图 1-2）。

当前的城市区域协调发展研究应当既包括基于多元调控、区域合作的自上而下的区域规划，也包括基于市场调控、区域合作的自下而上的城市协作；还包括基于多元调控、城市竞争的区域分工和优势互补战略和基于市场调控、城市竞争的城市定位和错位竞争战略。如何协调城市竞争与区域合作，市场调控和多元调控，在区域规划、城市协作和区域分工、城市定位之间取得平衡，是当前中国城市区域协调发展研究面临的最大挑战。

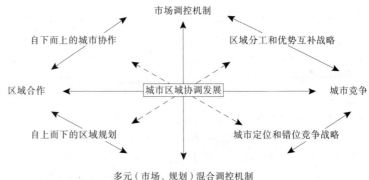

图 1-2 中国"城市区域"协调发展面临的形势

第二章 区域研究的萌芽、发展与趋势

历史上，区域化的发展可以大致分为三个主要的阶段。第一阶段从 19 世纪下半叶至二战结束，开辟了早期区域研究的视野，提出了"城市区域"的概念，对空间形态、城镇空间分布规律进行了开拓性研究，探讨了借助区域规划调控发展的方法和"田园城市"、"有机疏散"、"卫星城"等区域规划理论。第二阶段从 1950 年代到 1980 年代初，开创了多元研究的局面：以"大都市带"为代表的理论研究从早期空间分布的静态研究转向空间演化的动态研究；对社会经济现象的关注丰富了空间规律的研究内容；"增长极"和空间极化模型启发了结构关系研究的视角；城市和区域规划从物质规划转向综合的社会发展规划。第三阶段从 1980 年代至今，信息技术革命、全球化对城市区域发展的影响以及竞争与管治的关系等问题是这一时期的热点。

世界范围的理论成果和实践经验都可以为我们探索新形势下城市区域协调发展带来启示。结合国情，广泛借鉴先进经验，以可持续发展和提升竞争力为目标，探索城市区域协调发展的机制、调控措施成为时代的课题。

一、早期区域化发展的萌芽

从 18 世纪中期到进入 19 世纪，首次出现的工业革命引发了人类历史上社会经济领域和城市化发展的巨大变革：大规模的城市化全面铺开，以工业为主的现代城市边界迅速扩展，与此同时新兴的工业城镇源源不断地产生。传统社会中的城市与城市、城市与乡村之间的关系受到全面挑战。一方面，城市内部社会经济结构日益复杂，传统的城市空间结构面临解体和重组；另一方面，城市与城市之间的关系日趋紧密，腹地区域出现交叠。因应新的形势，人们开始将目光超越单个城市而投射到城市以外，开辟了对城市化研究的区域视野。

英国生态与规划学家格迪斯（Geddes P., 1915）较早注意到这种城市密集分布，快速发展的区域现象，1915 年在《进化中的城市》中提出"城市区域"的概念，并将密切联系、彼此交叠的城市称为"组合城市"（conurbation）。通过进一步的实证研究，他界定了英国包括大伦敦在内的七大城市区域，以及法国的巴黎地区、德国的柏林地区和鲁尔地区，以及美国的匹兹堡、芝加哥和纽约地区等城市区域。按照格迪斯的理解，"城市区域"是包含了城市化地区及其周边腹地的整体空间概念，区别于专门描述城市化地区的"组合城市"。另外，英国学者霍华德（Howard E., 1898）在更早的时候提出过"田园城市"的规划思想,并提出"城镇(群)"(town)的概念,用以描述在中心大城市及周边布局若干独立、分散、自给自足的田园城市的规划图景。霍华德关于"城镇(群)"的论述被认为是将区域视野带入城市研究的开创性工作,其后这一模式被另一位规划学家昂温(Unwin)发展为"卫星城"理论,广泛应用于疏导大城市过分拥挤的规划中。

从 1930 年代开始,多个学科,包括地理学、经济学、社会学的许多学者分别从自己的领域出发,对城市区域城镇分布的空间规律进行了开拓性的研究。首先,由德国地理学家克里斯塔勒(Christaller W.)和德国经济学家廖士(Losah A.)分别于 1933 年和 1940 年提出的"中心地理论"(central place theory)被公认为城市群体空间分布的基础理论(许学强等,1997)。1933 年德国城市地理学家克里斯塔勒发表了《德国南部的中心地》一书,首次提出"中心地理论",克氏在杜能和韦伯区位论的基础上,引入新古典经济学的假设条件,在"理想地表"上以"需求门槛"、"最大销售距离"、"中心等级"等变量,通过严谨的论述得出了六边形的城市等级分布结构模式(图 2-1)。1940 年德国经济学家廖士出版了《区位经济学》一书,更多地从企业区位理论出发,利用数学推导和经济学理论,得出了一个几乎与克氏完全相同的区位模型:六边形等级空间结构模式,也被称为"廖士景观"(Losahian landscape)。后来许多学者又进一步对中心地理论进行实证检验,推动了理论的发展,如美国地理学家贝里(B.J.L.Berry)(1958、1967)、加里森(W.L.Garrison)(1958),英国学者斯梅尔斯(A.Smailes)(1944)分别利用美国西南部和英国的实证资料对中心地理论的研究(许学强等,1997),以及 1965 年美国历史地理学家斯金纳(Skinner G.W.,1965)对中国四川盆地城镇群体的研究等。

其次,1930、1940 年代由杰斐逊(M.Jefferson)、辛格(H.W.Singer)和捷夫(G.K.Zipf)等学者开创的国家范围内城市规模分布规律的研究(许学强等,1997)也为研究城市区域的规模分布提供了许多启发。另外,美国芝加哥大学的社会学家帕克(E.Park)和沃思(L.Wirth)借助社会生态学方法,从社会学角度对城市内部及大都市区的土地利用空间模式的研究也产生了深

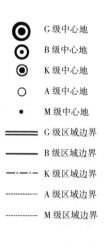

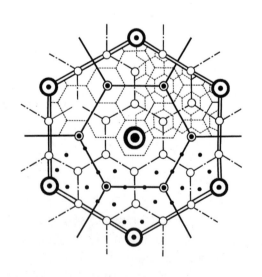

图 2-1　中心地理论

远的影响，被称为"芝加哥城市生态学派"。该学派陆续提出的城市内部空间模式包括：伯吉斯 1923 年提出的同心环模式（concentric ring model）、霍伊特提出的扇形模式或楔形模式以及哈里斯和厄尔曼的多核心模式，并称城市土地利用三大经典模式(许学强等，1997)（图 2-2）。随后迪肯森（Dikinson）1947 年又提出三地带模式，1975 年洛斯乌姆（Russwurm）提出了区域城市模式以及 1981 年穆勒（Muller）提出了大都市结构模式等。芝加哥城市生态学派的研究虽说主要关注城市内部或大都市个体的土地利用空间模式，但已经开始强调重视城市发展对城市之外区域的影响，可以看做是从个体城市向城市区域研究的过渡性探索（张京祥，2000）。

从 19 世纪下半叶到 1940 年代以前，伴随工业化引发的城镇快速扩张，"城市区域"普遍出现并引发了许多前所未有的社会、经济和环境问题，如大城市日益变得拥挤，生态环境随工业发展迅速恶化，城市内部、城市之间以及城乡之间的传统关系受到冲击等。为了解决这些问题，人们开始探索城市与区域协调发展的新道路。脱胎于建筑学的现代区域规划及其早期发展是这一阶段的代表性成果。

最早的探索者和实践者是英国的霍华德，他提出"田园城市"理论并付诸规划实践，尝试将现代城市与乡村环境协调地相结合（Howard E., 1898）（图 2-3）。1915 年英国生态和规划学家格迪斯在界定"城市区域"概念的基础上，比较综合地探索了区域规划的方法。他主张将自然区域作为规划的基本构架，并强调区域中城镇的发展不能超出区域的潜力和合理的容量（Geddes P., 1915），被公认为使西方城市研究从分散、互不相关走向系统综合的奠基人。

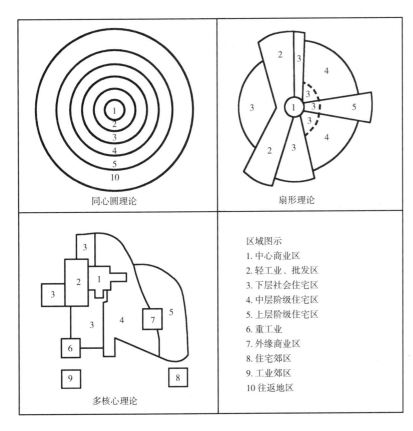

图 2-2 城市内部空间结构三模式

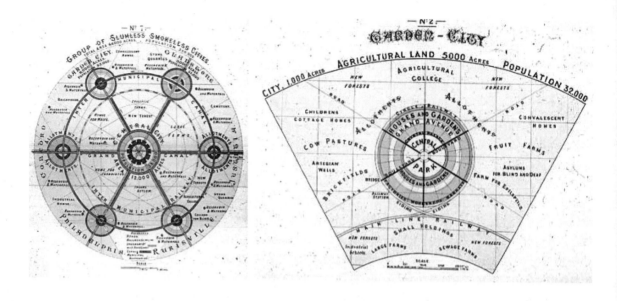

图 2-3 霍华德提出的"田园城市"
模式

1918年芬兰规划学家伊利尔·沙里宁(E.Saarinen)提出"有机疏散"的规划理论，并因其在大赫尔辛基规划方案中的应用而引起轰动。英国还于1923年首次开展了当卡斯特煤矿区综合规划，美国也于1929年开展了纽约城市发展区域规划。这些尝试都有一个显著的共同点，即所谓区域规划主要是在比城市更大的地域范围内进行的建筑平面布局规划。直到1933年，在美国开展了以流域水资源的开发利用为初衷的田纳西河流域区域规划，在这一区域规划中，人们首次进行了系统的社会经济发展规划，并与工程规划相结合，取得了良好的综合效益，成为许多国家区域规划的典范。同年国际现代建筑协会（CIAM）在雅典通过《都市计划大纲》（简称《雅典宪章》），明确规定城市必须与其周边影响区域作为整体来研究。另外，1944年在英国学者阿伯克隆比（P.Aber-Crombe）主持下编制完成了大伦敦区域规划，这一规划大胆提出通过在伦敦周边建设卫星城镇的方式将伦敦城的人口疏散60%的规划设想，被认为是霍华德"田园城市"理论付诸实践的里程碑，成为西方区域规划教科书中的范例，更被美国著名规划学家芒福德（L.Mumford）评价为"从任何方面来讲，都是霍华德之后最杰出的规划文献"（图2-4）。此外，这一时期西方许多其他大城市，如：巴黎、莫斯科、堪培拉等也都开展了大都市区或更大范围城市区域的规划研究（洪强，1991）。

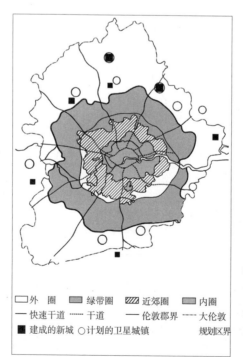

□外 圈	■绿带圈	▨近郊圈	■内圈
— 快速干道	┈ 干道	— 伦敦郡界	┄ 大伦敦规划区界
■ 建成的新城	○ 计划的卫星城镇		

图 2-4 1944年"大伦敦规划"示意图

二、开创多元研究的局面

第二次世界大战后，从 1950 年代开始，伴随工业社会的生产组织方式在全世界范围内迅速展开，城市区域在社会经济生活的各个方面显现出日益重要的影响，越发体现出从区域整体的视角研究城市、研究区域发展的必要性。

1. 城市区域空间规律研究的深化和多元化

二战后城市区域日趋复杂的空间形态及其影响继续吸引了众多学者的关注，相关研究不断走向深化。法国地理学家戈特曼（Gottman J.，1957）在《大都市带：东北海岸的城市化》（Megalpolis: Or the Urbanization of the Northeastern Seaboard）的论文中首次提出的"大都市带"（megalpolis）理论无疑是其中最有影响的成果之一（图 2-5）。他在考察了美国东北海岸近三个世纪的城镇发展后指出，这一地区支配空间经济形式的已不再是单一的大城市或都市区，而是若干都市区在人口流动、经济活动以及各种社会联系基础上形成的巨大整体，即"大都市带"。空间形态上，大都市带表现为各种要素高度密集的多核心星云形状；空间组织上，又表现为内部构成单元的多样性和宏观的空间"马赛克"结构。戈特曼大胆预言大都市带是人类居住形式的最高阶段，具有无比的先进性，必然成为 21 世纪人类文明的标志，也是包括城市区域在内的一切城市化的终极形式。希腊学者道萨迪亚斯（C.A.Doxiadis）、帕佩约阿鲁（J.G.Papaioannou），加拿大学者纳什（P.H.Nash）以及美国学者墨菲（E.F.Murphy）均认同大都市带作为一种全新的结构，体现了对自然资源最大限度的集约利用，代表了未来世界的发展方向（史育龙、周一星，1996）。道萨迪亚斯（Doxiadis C.A.，1970）进一步拓展"大都市带"的概念，提出世界终将形成"全球连绵城市"（ecumunopolis）的观点。帕佩约阿鲁（Papaioannou J.G.，1996）也专门撰文比较了大都市带的诸多优越性。英国学者彼得·霍尔（Peter Hall）和法国学者 Kormoss 还分别对英国和西北欧的大都市带进行了实证研究。金斯伯格（Ginsburg）（Ginsburg N.，1961、1988）则重点研究了日本的大都市带，通过与美国东北海岸大都市带的比较后，指出日本大都市带的空隙地带人口稠密，而美国的则相对稀疏，主导产业分散是日本大都市带发展的动力，而居住地分散是美国的都市带形成的原因。他还针对日本的情况，进一步提出"分散大都市带"（dispersed megalpolis）的概念，强调由许多专门化职能的城市中心组成的多核心系统。

但并不是所有的学者都认同"大都市带"对城市无限蔓延形成的庞大空间集聚形态的乐观判断，美国著名规划学家芒福德（L.Mumford）就是其中的代表。他在分析美国大都市地区发生的人口爆炸式增长、不受控制的郊区蔓延、快速交通和各种游憩场所不合比例的增长现象后，认为大都市带并非是一种新的城市空间形态，而是一种类城市混杂体，从而对其合理性提出根本质疑。在《城市发展史》（芒福德著、倪文彦等译，1989）一书中，芒福德以"特大城市的神话"为题彻底批判了工业革命以来的大城市发展，认为这种发展是人类无视自身作为有机体的生命价值，在各种促使城市畸形发展的力量（如官僚制度的发展、技术主义盛行等）的作用下，以极其功利的思想所采取的对人类未来不负责任的发展方式，甚至认为这种发展最终会给人

图 2-5 戈特曼（Gottman J.，1957）
于《大都市带：东北海岸的城市化》
中首次提出"大都市带"

类带来毁灭性灾难。相反，他热情地盛赞早期的"田园城市"的思想，甚至将其称为 20 世纪最伟大的两项发明："20 世纪我们目睹了两项预示新时代诞生的伟大发明，第一项发明使人们展翅飞翔；第二项发明则使人们有希望返回地球后能居住在最好的地方"。这种犀利的批判提醒人们在城市区域空间研究中，必须加强从社会、文化、生态环境等更广泛的人文视角的考虑。事实上，戈特曼本人也认识到早期"大都市带"理论的局限性，在 1990 年的最新著作《Since Metropolis》中对早年忽视社会、文化、生态的观点作了修正（沈道齐、崔功豪，1997）。

除了"大都市带"研究以外，还有许多学者针对不同地域、不同发展阶段、水平的城市区域，提出了其他的城市区域空间形态理论或学说。代表性的研究包括：Whebell（Whebell C.F.，1969）1969 年提出的"走廊理论"（Theory of Corridors），描述了高度发达的现代化运输线路连接的若干大都市构成的线状模式，详细论述了"中心走廊经济景观"（Corridor-centered Economic Landscape）的演化过程，共分为五个阶段：初始占据、商品交换、铁路运输、公路运输网和大都市地区形成。Bryant（Bryant C.R.，et al，1982）考察了与区域性城市结构有关的周围乡村地区类型和这种聚落形成发展的特殊机制，从而提出了"城市乡村"理论（City Countryside）。而 Brunn 和 Williams（Brunn S.D.、Williams J.，1983）则在分析大都市带形成机制的研究中提出了"城市系统"（System of Cities）理论，指出"主要的大城市和区域中心等节点增长会逐渐形成一种线状模式"，节点之间不断产生许多小的节点或正在上升的新节点，从而使城市之间的联系日益复杂，形成城市系统。而加拿大学者 Mcgee（Mcgee T.G.，1985、1991）通过对东南亚国家的实证研究，提出了明显有别于西方国家大都市带的"Desakota"和"Kotadesasi"的概念，"Desakota"描述了一种内部存在高强度城乡间相互作用，混合了农业和非农业活动，淡化了城乡一体化的区域，而"Kotadesasi"则特指这种城市区域"通过商品和人频繁的相互作用……的特殊的区域增长过程"。Mcgee 后来又进一步提出"超级都市区"（Megaurban Region）的概念，将其定义为包括两个或两个以上，由发达交通联系起来的核心城市，当天可通勤的城市外围地区及核心城市之间"Desakota"地区共同组成的区域。

同时，二战后城市区域空间规律的研究不再局限于城镇空间布局及空间形态，社会经济现象的空间规律也开始受到关注，相关研究逐渐丰富，开创了空间规律多元化研究的新局面。1945 年维宁（R.Vining）首次从经济学的角度论证了城市区域化发展对城市的意义，从理论上论证了城市区域的合理性。1954 年美国地理学家贝里（B.Berry）用系统化的观点研究了城市人口分布与服务中心等级体系的关系。1970 年贝里和豪顿（F.Horton）合作，在《城镇体系的地理学透视》一书中对城镇体系的理论进行了系统的总结。1977 年哈格特（P.Haggett）和克里夫（Cliff）从相互作用（interaction）、网络（network）、节点（nodes）、等级（hierarchies）、表面（surface）、扩散（diffusion）等六个方面研究了区域中城镇群体空间的相互作用过程（Haggett P., Cliff A.D., 1977）。

2. "增长极"理论、空间极化模型及其对城市区域研究的影响

1950~1970年代是"增长极"理论及空间极化模型迅速发展的时期，许多成果对深入理解城市区域的演化动力及发展阶段规律提供了启示，并对二战后区域规划和区域政策产生了重要的影响。

1940年代，佩鲁（F.Perroux）在研究不均衡经济增长时首次引入了"推动性单位"（propulsive unit）和"增长极"（growth pole）的概念。所谓"推动性单位"就是起支配作用的经济单位，当它增长时可以诱导其他经济单位增长，"增长极"就是特定环境中的推动性单位。1955年佩鲁在一篇名为《增长极概念的注释》（Note on the concept of growth poles）的论文中进一步指出作为增长极的产业常常在空间上集聚（Perroux F., 1955）。循着这条思路，法国地理学家布德维尔将增长极定义为"都市区内正在不断扩大的一组产业，它通过对周边的影响而诱导区域经济活动进一步发展"（Boudeville, 1966）。随后，支持区位理论的学者多将"增长极"理解为相关产业在空间的集聚，相关讨论激发了对空间极化现象的关注。

缪尔达尔（Myrdal, 1957）观察到增长中心一旦出现便不断自我强化的现象，通过深入分析，将其解释为"回流效应"（backwash）和"扩散效应"（spread）的共同作用，并据此构建了"回流—扩散"的空间极化模型，将增长中心自我增强的机制归纳为"循环积累因果原理"。他倾向于认为促使要素集聚的"回流效应"将长期对促使要素扩散的"扩散效应"占据优势，对空间均衡发展持悲观的态度。赫希曼（Hirschman）在1958年也提出了一个类似的经济发展空间极化模型，分别将空间集聚和扩散效应称为"极化"（polarization）过程和"滴流"过程（trickle down）。不同的是赫希曼对区域均衡发展持较为乐观的态度，强调国家干预将在空间协调发展中发挥至关重要的作用。而1950年代瑞典经济学家哈格斯特朗（Hagerstrand T., 1968）在熊彼特"创新"学说的基础上提出了基于"空间扩散理论"的空间模型，强调对社会经济发展有决定性影响的"创新"源自不同等级的增长中心，其由中心通过波状扩散、辐射扩散、等级扩散以及跳跃扩散等形式向周围扩散，并与城镇等级体系形成对应关系。1960年代末莫里尔（R.Morill）进一步分析了创新扩散的具体特征。美国地理学家弗里德曼（Friedmann, 1967）则将"增长极"理论与"创新扩散"理论相结合，突破经济变量分析的局限，将社会、文化、政治因素引入空间极化模型，提出了一个综合的"核心—边缘"模型，指出在核心和边缘区域之间存在基于投资、移民、创新以及决策的四对集聚和扩散作用过程，投资和移民的向心集聚导致核心区发展的增殖效应，扩散则导致空间均衡发展；创新和决策的扩散导致边缘区在社会文化和政治权力方面对核心的依附，反向的运动则代表边缘区对核心区控制的政治反抗（图2-6）。

此外，基于罗斯托（Rostow W.W.）的发展阶段理论，威廉森（Williamson J.）、弗里德曼等学者还提出并论证了空间极化的发展阶段规律。罗斯托（Rostow W.W., 1960）在《经济增长的阶段：非共产党宣言》（The Stage of Economic Growth: A Non-communist Manifest）中总结了一个线性的、渐变的阶段化发

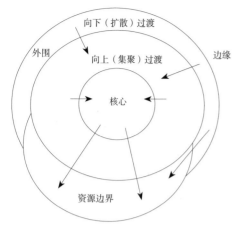

图 2-6　弗里德曼的经济发展中心—外围模型，1986 年

展模型。他认为所有社会在经济方面都处于五种类型中的一个阶段类型上：传统社会阶段、起飞准备阶段、起飞阶段、成熟阶段和高消费阶段。威廉森（Williamson J., 1965）通过对区域发展的剖面和时间序列分析（cross-section and time-series analyses），指出区域发展的均衡程度与国家整体经济发展水平存在显著的关系，区域不均衡增长往往是一个国家经济起飞以前的典型现象，而当国家整体经济进入成熟阶段后，区域发展将趋向均衡。弗里德曼（Friedmann, 1967）以美国为例的实证研究则在一定程度上证实了威廉森的观点（阎小培等，1994）。

"增长极"理论表明集聚于增长中心的推动型产业能够诱使周边地区的经济增长，其政策导向是在一个地区植入推动性产业，产业集聚和扩散效应将自动推进区域经济增长。由此演化成的"增长极"战略在 1960 年代成为许多国家广为采用的区域和产业发展政策，政策的核心是选定推动性产业，自上而下地嵌入选定的增长中心，并期望推动整个地区经济增长目标的自动实现。进入 1970 年代，基于实践，对"增长极"战略的非议和批评日益增多。Coraggio（1974）指出"增长极"战略并不总是促使区域经济增长，能否确保推动性产业本地化，以及防止增长中心"飞地"型增长是其中的关键。Gore（Gore C., 1984）也强调"飞地"型"增长极"只能不断加剧区域发展的不均衡，而无助于地区经济均衡发展。进入 1990 年代，又有学者提出将研究和创新活动作为推动性产业的"新增长极"理论，成为科技园政策的理论工具（王楫慈等，2001）。

与增长极理论密切联系的空间极化模型，包括"回流—扩散"模型、"极化—滴流"模型、"空间扩散"模型以及"核心—边缘"模型等，1960 年代在区域规划中得到了广泛的应用，进入 1970 年代后也开始受到普遍的质疑。而赫希曼和弗里德曼等人所强调的国家干预促进协调发展的观点，在 1960 年代演变为西方国家普遍采用的凯恩斯主义区域政策。

3. 新的区域规划理论的研究和实践

二战后，伴随空间规律研究的深化和多元化，区域规划的理念不断更新，研究方法和规划手段也日益丰富；同时，由于交通、环境及社会经济问题越来越需要区域合作共同解决，人们开始重视区域规划，开展规划的深度和广度也大为加强。规划内容上，从 1960 年代开始，许多国家由物质建设规划转向综合的社会发展规划（张庭伟，1997），规划中的社会因素和生态环境因素越来越受到重视；规划范围上，从早期的工矿地区、中心城市及其腹地的范围拓展到大范围的城市区域乃至整个国家。综合来看，二战后的区域规划进入了一个快速而全面的发展阶段。

这一时期，借助区域规划调控城市密集区域，乃至整个国家的发展，成为许多国家的共识。其间，针对不同的政体国情和文化传统，各国开展区域规划的运行机制、指导思想、内容方法和具体效果也不尽相同。

首先，前苏联和日本等国的实践代表了在强烈政府干预条件下的区域规划编制和实施模式。苏联自 1920、1930 年代就开始在国家经济发展计划的指导下编制了许多经济区和工业综合体建设规划，进入 1960 年代，各种类型的区域规划已经覆盖了苏联全境，规划集中解决有关经济部门或大型重工业基础建设用地的选择和新城镇的选址、生产力综合布局以及城镇居民点体系结构和区域生态系统的综合安排。苏联的区域规划是在经济区划的基础上，在国民经济和社会发展计划的严格指导下完成，反映了高度指令性计划经济体制下的规划模式（方创琳，1998）。日本从1962年到1987年在政府主持下完成了四次全国综合国土开发规划，提出建设国际化多极分散型国土的目标，规划了以东京都市圈、关西都市圈、名古屋都市圈和其他都市圈为核心的多中心发展模式，辅以从全国到局部区域的政策措施和具体的基本建设方向和指导原则，代表了资本主义市场经济条件下依靠政府干预推行区域均衡发展的模式（高春茂，1994）。

其次，德国、英国、意大利和荷兰等国的实践代表了政府适度干预条件下的区域规划编制和实施模式。德国在二战后积极推行"有意识地从社会政策角度加以控制的市场经济"（毛其智，1990），各级政府分别承担不同的职能，对区域和城市规划的编制和实施进行适度干预。联邦政府主要通过税收、福利、基础设施、区域政策对区域发展、区域规划进行宏观指导和协调，同时联邦政府有关职能部门还掌握一定的资金，对不同区域的发展进行引导协调。具体规划是由州和各级地方政府编制完成，经同级议会批准实施（孙尚志，1994）。同时，德国强调通过立法来确保规划的贯彻实施，1950年代许多州制定了规划法，1965年颁布全国区域规划法，1975年又通过了联邦区域规划大纲（毛其智，1990）。英国的区域规划也称发展规划系统，由中央政府环境部统一掌管。1950年代英国的区域规划主要集中在大城市集聚区，建筑平面布局规划是其主要形式，1960年代开始转向强调基础政策的"立论充分的规划"（broad-based plans），将交通规划视为物质规划的中心环节，同时对社会规划予以日益增长的关注。1971年又颁布城乡规划条例确定了结构规划（structure plans）的相关制度，为地方规划提供纲领性意见（缪淇，1989）。意大利则将全国划分为20个大区负责制定区域规划及实施相应的区域和产业发展政策，并给地方一级的规划提供指导（张启成，1987）。丹麦的区域发展规划由国家环境部统一负责，分四级依法编制，即国家和区域规划条例、大都市区区域规划条例、城市规划条例和城乡规划条例（王凡，1991）。荷兰则在全国范围内分中央、省和市三级建立了统一的规划编制及管理体系。

最后，美国的实践代表了第三种区域规划的发展模式，即在联邦政府不干预规划也没有集中管理的前提下，由地方弹性编制，并结合联邦层面的区域政策和地方层面的"区划"（zoning）立法来共同管理城市区域发展的模式。美国联邦政府主要通过使用联邦基金来施加对国内不同区域事务的影响，州政府对区域规划是否编制，如何编制，有很大的自决权，地方政府机构庞杂、任务单一，且存在不同的管辖权限和交叉的管辖范围，再加上美国私营企业对城市、区域的发展有强有力的影响，使城市和区域的发展很难通过标准的规划程序来管理，而拥有广泛立法基础的区划比规划要有效得多。区划是美国土地使用制度的核心，是地方政府普遍拥有的一种权力，可以对公共卫生、安全、福利、环境等问题进行有效管理。而自1929年纽约地区规划至今，在70多年的发展历史中，区域规划始终缺乏相应的法律地位（方创琳，1998）。从1980年代开始，美国各级政府为了应对各种危机，开始普遍实施一种公私合营的区域发展规划新模式，其中规划不仅成为政府而且也是私人经济不可分割的组成部分，谈判协调成为规划实施的重要补充手段（王凤武，1991）。

三、全球化时代的新进展

1980年代以来，伴随经济全球化，世界范围的生产组织方式发生了巨大变化，引发新的集聚和扩散现象，生产、控制和服务等级体系的重组成为时代特征。希默（S.Hymer）用"新国际劳动分工"的术语来解释世界范围内新的经济转移，Swyngedouw（1997）用"全球地方化"（Globalization）来描述资本控制能力和商品链不断"上调"（up scaling）到全球层次运作的同时，生产能力和产业竞争力不断"下调"（down scaling）到地方层次的现象。其间，城市区域作为社会经济的主要空间载体，发展演化呈现出深刻而全新的景象，相关研究也出现一些新的方向。

1.关于技术进步与城市、区域发展关系的研究

以卡斯特尔斯（M.Castells）、巴拉斯（R.Barras）、布罗特奇（J.Brotchie）为代表的学者对技术进步与城市发展的关系进行了研究，揭示了城市、区域发展的深层机制，也昭示了信息技术革命对发展方向的影响。以卡斯特尔斯（Castells M.，1989，转引自：阎小培，1999）为代表的学者从政治经济学的立场，认为技术作为生产力的代表决定了发展方式（代表生产关系），技术创新的浪潮将带来发展方式的转换，从而导致城市发展特征及结构的变化。以巴拉斯（Barras R.，1987，转引自：阎小培，1999）为代表的技术决定论者认为技术革新决定了经济发展的"长波"，经济发展的"长波"决定了城市发展的总体阶段。布罗特奇（Brotchie J.，1985，转引自：阎小培，1999）等学者则从供需关系的角度探讨了技术变化、经济发展与城市发展的关系，他们将技术变化的原因划分为供给方带动和需求方带动。供给带动的技术变化通过降低成本、改进产品、增加产量和赢利导致经济增长，进而促进城市发展；需求方带动的技术变化则对应于人们不同层次的需求。信息社会中，城市发展由以能源为基础的低层次向以知识为基础的高层次转变，需求方式的变化导致区位弹性增大，技术变化实现了从供给带动向需求带动的转变，虽然技术进步仍是经济增长和城市发展的主要原因，但在信息社会中技术变化的动因发生了根本变化。

2."世界城市"、"全球城市区域"的相关研究

以霍尔（P.Hall）、萨森（S.Sassen）、弗里德曼（J.Friendman）、斯科特（A.Scott）为代表的学者基于对全球化经济重组的认识，提出了"世界城市"、"全球城市区域"等概念，并描述了其政治、经济、社会、文化及信息等方面的特征。霍尔1966年就曾提到"世界城市"的概念，但真正将世界经济变化与城市发展研究联系起来却是始自1980年代。弗里德曼（Friendman J.，1986、1995）率先提出"世界城市体系"假说，认为全球化条件下各种跨国的经济实体正在逐步取代国家的作用，国家权力出现空心化的同时，全球则出现新的等级体系结构，即由世界级城市、跨国级城市、国家级城市、区域级城市以及地方级城市共同构成的世界城市体系。萨森（Sassen S.，1991）继而对世界城市体系的功能结构进行了研究，建立了世界城市的理论和检验标准。斯科特（Scott，2001）进一步观察到全球化条件下世界级城市的区域化发展现象，提出"全球城市区域"的概念，认为其"既不同于普通意义上的城市范畴，也不同于传统地理学描述的城市化景观地域相连的城市密集

区，而是在全球化高度发展的前提下，以经济联系为基础，由世界城市及其腹地数个次级城市扩展联合形成的一种独特的空间现象"。斯科特还总结了全球城市区域的主要特征，包括：与经济全球化有密切联系、区域内部密切的社会、政治、文化联系以及城市区域既是全球化的结果也是全球化的动力。霍尔（Hall P., 2001）强调了全球城市区域与世界城市概念的区别在于前者更强调内部的功能经济联系，这种功能经济联系的空间表现形式常常体现为"多中心的圈层式"结构。此外，Hamnett（Hamnett, 1994）指出当前关于世界城市及全球城市区域的研究多建立在发达国家高度国际化城市、区域经验研究的基础上，如何将相关研究拓展到世界范围是一项紧迫任务。道格拉斯（Douglass, 1998）也强调要使人们真正明白一个城市是如何成为世界级城市，必须加强对"正在全球化的城市区域"（Globalizing City Regions）的研究。Yeung 和 Olds（Yeung H. W., Olds K., 2001）则提出了"正在全球化城市"（Globalizing City）和"正在崛起的世界城市"（Emerging Globalizing City）及其区域的概念，希望借此将世界城市和全球城市区域的理论和实证研究拓展到更广泛的范围。

3. 关于竞争与城市区域管治模式的探讨

竞争力的研究可以追溯到 1978 年美国技术评价局关于美国产业竞争力的研究。1980 年代，美国成立了总统产业竞争委员会专门负责就产业竞争力提供咨询。同时期，日本、英国、德国也分别成立过课题组研究本国竞争力。"世界经济组织"和瑞士洛桑国际管理学院（International Institute for Management Development, IMD）从 1980 年代开始进行工业化国家和主要发展中国家的竞争力评价研究，逐年公布评价结果。IMD 使用的竞争力评价模型包含企业管理、经济实力、科学技术、国民素质、政府作用、国际化度、基础设施、金融环境等近 10 个主要构成要素，以及本地化与全球化、吸引力与扩张力、资产与过程、冒险与和谐等四组对应的整体环境关系评价。美国学者波特（M.Porter）分别于 1980、1985 和 1990 年发表了《竞争战略》《竞争优势》和《国家竞争优势》的竞争研究"三部曲"，系统研究了企业、产业和国家竞争中的竞争优势理论，《国家竞争优势》一书中着重解释了国家、区域竞争优势的组成、影响因素及相关战略，提出了由企业战略、生产要素、需求条件和相关支持性产业四个构成要素以及政府和机遇两个影响因素组合而成的"钻石"竞争力模型（迈克尔·波特著、陈小锐译，1997；迈克尔·波特著、李明轩等译，1996）。

关于区域竞争力的研究大多借鉴国家竞争力的研究方法和评价模型，少有专门论述，相比较而言，城市竞争力受到更多关注。自 1990 年代以来许多学者研究了城市竞争力的影响因素、评价模型以及城市竞争的过程、结果和尺度等问题。Kresl（Kresl P., 1995）提出了表示城市竞争力的六个指标，即创造高技能、高收入的工作，生产不损害环境的产品和服务，生产集中于具有品质的商品和服务，经济增长率实现充分就业，城市可以控制未来的发展方向以及城市在城市体系中不断提高自己的地位，还进一步设计了由显示性指标和解释性指标组成的城市竞争力评价指标体系。道格拉斯将影响城市竞争力的要素归结为经济结构、区域性禀赋、人力资源和制度资源四个方面，并据此提出了他的竞争力模型（倪鹏飞，2003）。Markku 和 Reija（Markku S., Reija L., 1998）将城市竞争力的决定因素理解为：基础设施、企业、人力资源、生活环境、制度和政策网络、网络中的成员等，并提出了六边形的竞争力模型。此外，Kresl 和 Daniel 分别对美国和墨西哥的多个大城市进行了竞争力的实证研究，伊恩·勃格（I.Begg）、马丁·博蒂（M.Boddy）等学者开展了城市竞争过程的研究，阿塞（Arcy）、罗杰森（Rogerson）、戈登（I.Gorgon）等人研究了城市竞争的后果，戈登、Kresl、利弗（W.Lever）等学者还研究了城市竞争的尺度问题（参考程玉鸿，2004）。

与竞争力分析和竞争优势战略研究息息相关的是全球化条件下的城市与区域管治模式的演变。一般的理解，城市管治就是指城市政府和其他组织共同形成城市政策和城市发展战略的过程，区域管治则包括不同层级政府、同级政府以及多种非政府组织之间共同形成区域政策和区域发展战略的过程（Newman，2000；沈建法，2003；张京祥，2000）。1980年代以来，西方国家的城市和区域管治出现了一些重要的变化，引起了学者广泛的关注。

在城市层面，学者们关于城市竞争力的政策含义及如何增强城市竞争力虽然没有共识，但普遍认同除了经济因素（如生产要素和基础设施等）外，战略要素即城市政策和管治（Governance）对竞争力有重大影响。Lauria（Lauria M.，1997）在关于"城市管治体系理论"（Urban Regime Theory）的论述中，指出美国评价选举政府管治成败的关键在于城市的经济表现，城市竞争是改变城市管治模式的因素之一。Pierre（Pierre J.，1999）总结出四种城市管治体系，即管理模式、合作模式、增长模式和福利模式，指出外部激烈的竞争将使城市管治由福利模式和管理模式向合作模式和增长模式转变。有的学者具体分析了二战后美国经历的城市管治体系演变，指出战后初期是政府占优势的指导管治体系，1960年代到1970年代早期转变为商业利益占优势的让步性管治体系，1970年代中期以后政府的福利和让步逐渐减少，维持政治经济控制和财政稳定成为管治的目标，从而转变为保守性管治体系（Fainstein and Fainstein，1983）。Elkin（Elkin S.L.，1987）认为地方利益和政治家联盟的方式、选举联盟策略、政府服务和官僚机构共同决定了美国城市管治体系，据此提出多元型、联合型和创业型三种城市管治模式。Painter（Painter J.，2000）通过广泛的实证研究，指出西方城市的管治正在从关注社会福利的管理型向鼓励竞争的创业型体系转变。

在城市区域层面，1990年代以后，伴随区域一体化发展出现了区域联合管治的趋势。Scott 和 Storper（Scott A.J.、Storper M.，2003）研究发现伴随经济全球化，产业竞争力的源泉依然紧紧根植于地方性的生产综合体，区域竞争优势往往是通过高度地方化的过程产生并维持的。Wallis（Wallis，1994、1996）指出为了在全球竞争体系中占据更高的地位，强化区域内联合成了政治权力和经济机构的主动要求，并由此在美国许多大都市区引发了一系列的管治改革，主要内容包括开展战略规划、拓展经济网络、调整公共政策以支持经济增长和动员公众支持区域联合。Brenner（Brenner，2002）总结当前美国大都市区域化的发展趋势为"大都市区域主义"（Metropolis Regionalism），并在与历史中区域合作运动对比分析的基础上，指出其形成原因包括经济全球化的影响、大都市区经济景观演变以及对1980年代以来"新自由主义"政策的反思。Albrechts、Healey 和 Kunzmann（Albrechts L.、Healey P.、Kunzmann K.R.，2003）分析了欧洲国家1990年代后区域规划和区域管治的复兴，指出其主要动力包括对区域竞争力的关注，地方财政的变化，区域环境、资源可持续发展的要求，对环境和生活品质的追求，全球化和欧洲一体化过程中地方认同的需求，多层级联合管治以应对内部、外部的危机和挑战。此外，Altshuler（1999）、Barlow（1991）、Calthorpe 和 Fulton（2001）以及 Newman（2000）等多位学者总结了发生在北美和欧洲的区域化发展现象，认同 1990 年代以来的思路和实践已经汇成一股新的潮流，并称之为"新区域主义"（New Regionalism）。Stephen（Stephen M.W., 2002）进一步对比了区域规划中"新区域主义"与历史中"区域主义"的区别，指出新区域主义的区域规划更加强调区域特性，重视各种社会经济矛盾和问题，综合平衡社会、环境和经济发展目标以及强调不同层级空间规划以及空间规划与社会经济发展目标之间的整合。Thomas 和 Kimberley（1995）研究了英国多个地区管治的效果。Narthan（2000）探讨了英国布莱尔政府区域发展机构的实效。Savitch（1996）总结了美国大都市区自 1990 年代发展起来的一种弹性的、单一目标、由多个层级的政府以及政府与非政府组织密切联合进行区域管治的新模式（吴超、魏清泉，2004）。

　　4. 国外研究的启示

　　总结国外相关研究的进展，可以将其区分为三个主要的发展阶段。第一阶段从 19 世纪下半叶至二战结束，开辟了早期城市区域研究的视野，提出了"城市区域"的概念，对城市区域的空间形态、城镇空间分布规律进行了开拓性研究，探讨了借助区域规划调控发展的方法和"田园城市"、"有机疏散"、"卫星城"等区域规划理论。第二阶段从 1950 年代到 1980 年代初，开创了城市区域多元研究的局面：以"大都市带"为代表的理论研究从早期空间分布的静态研究转向空间演化的动态研究，关注的空间尺度也不断扩大；对社会经济现象的关注丰富了空间规律的研究内容；"增长极"和空间极化模型启发了结构关系研究的视角，从表层次演化规律的研究转向深层次空间机制的研究；此外，这一时期的许多理论成果的应用使城市和区域规划发生变化，重视从物质规划转向综合的社会发展规划，规划的层级不断提高、范围不断扩大。第三阶段从 1980 年代至今，信息技术革命、全球化对城市区域发展的影响以及竞争与管治的关系等问题是这一时期的热点。

　　国外许多先进的理论成果和实践经验可以为国内探索新形势下城市区域的协调发展带来有益的启示，但是，由于中外在发展阶段、经济结构和管理体制等方面的差异，城市区域的发展规律和调控措施必不完全相同，国外学者在实证研究基础上关于协调发展调控、管治模式的政策建议并不一定符合中国的实际需要。为此，结合中国的实际情况，广泛借鉴国外的先进经验，剖析新形势下城市区域发展的背景、形势和趋势，以提升竞争力为目标，探索城市区域协调发展的机理、机制和调控措施，将是一项有意义的研究课题。

四、国内的实践与探索

　　在我国，"城市区域"作为专用术语是最近几年才出现的，而使用类似概念，包括"城市群"、"连锁城市区域"、"城镇群体"和"城镇密集区"等开展的探讨则较为久远。由于"城市区域"与类似概念存在密切联系，以下对国内城市区域及相关研究的综述拟从三方面展开：①关于城镇体系的探索；②城镇密集区演化的理论与实证研究；③关于城镇密集区发展调控的探讨。

1. 城镇体系的探索

国内从城镇群体或区域的视角研究城市发展始自对城镇体系的探索。其相关概念可以追溯到 1945 年梁思成介绍西方学说时使用的"市镇体系",当时梁先生呼吁在中国"预先计划、善于辅导,使市镇发展为有秩序的组织体"。系统地开展城镇体系研究始自 1980 年代,在地理学家、规划学家和经济学家的共同参与下,借鉴国外经验,运用各种技术手段并结合规划实践进行,至今已经取得了许多成果,例如周一星(1984)、杨吾扬(1987)、魏心镇(1989)等多位学者系统研究了城镇体系概念和特点、发育机制、组织机构、城市经济影响区和城镇相互作用等(刘荣增,2003)。1992 年顾朝林出版《中国城镇体系——历史、现状、展望》一书对城镇体系研究进行了总结,1997 年论述了城镇体系规划的理论和方法,并作为对前文的补充(顾朝林,1992、1997)。

2. 城镇密集区演化的理论和实证研究

1962 年,中山大学地理教学中已有"城市连绵区"的介绍。1983 年,于洪俊、宁越敏以"巨大都市带"的译名向国内引介了戈特曼的思想(于洪俊、宁越敏,1983),此后,国内学者对以"大都市带"为代表的城镇密集分布地区的理论表现出极大的兴趣,并结合具体的城市区域开展了许多实证研究。

李世超(1989)讨论了城市带与产业带的关系。崔功豪则对产业带向城市带转变作了系统分析,并以长江中下游城市带为例进行了研究(1992a)。他还认为特大城市和城市群网络是这个时代的特征,城市群根据发展阶段和水平可以分为三种类型:城市区域、城市群组和巨大都市带(1992b)。而周一星则在对中外城市差异比较的基础上提出"连锁城市区域"(Metropolitan Interlocking Region)的概念,强调城市之间、城乡之间强烈的相互作用、区域一体化特征(周一星,1991)。吴良镛(1994)则以芒福德的思想对大都市带的合理性提出异议,认为大都市带现象的出现是将城乡规划分裂开来各行其是的结果,提出整体设计的思想(Holistic Design Thinking)。姚士谋(1999)综合分析了中国城市群的基本概念、地域结构特征、城市群发展趋势,并进一步划分出五大城市群(沪宁杭城市群、京津唐城市群、珠江三角洲城市群、四川盆地城市群和辽中南中部城市群)和八个相对欠发达的城镇密集区。吴启焰(1999)认为大都市带是比城市群更高级的城镇密集区形式,从二者区别与联系的角度分析了城市群向大都市带的演变机制。朱英明(2000)则从城市群地域结构、城市流强度和区域市场网络等角度探讨了城市群的区域联系。徐永健等(2000)从政策制度和跨国资本流动的角度探讨了中国典型大都市区的形成机理。张京祥(2000)从城镇群体角度考察了空间建构的基本理念与原则,从群体空间自构与被构的过程和区域、圈域两个层面对空间演化机制进行了深入的分析。刘荣增(2003)从系统理论和共生理论角度出发,对城镇密集区的概念、影响因素、发展阶段、发展机制以及协调整合进行了全面的分析,提出了城镇密集区发展阶段理论,并构建了判定指标。此外,阎小培(1997)探讨了信息产业对城市体系发展的影响。顾朝林(1999)研究了经济全球化对中国城市发展的影响,提出了中国大都市带和大都市区的跨世纪发展战略。

实证研究方面,许学强(1987、1988、1989、1994)对改革开放以来珠江三角洲城市群的城镇规模分布、经济空间分布及其演变进行了研究,分析了珠江三角洲大都会区的成因和基础。郑天祥（1990）通过分析城市网络、产业网络、基础设施网络等经济地理网络，探讨了珠江三角洲城市群的发展规律。阎小培（1997）对新时期穗港澳都市连绵区的形成机制进行了阐述。顾朝林、朱英明、张尚武、宁越敏、曾尊固等学者则对长江三角洲城市群进行了多年跟踪考察，研究领域涉及城镇空间格局、发展历史、现状特征、演变机制以及协调发展的调控战略等（刘荣增，2003）。姚士谋（1999）对国内的主要城市群和城镇密集区作了比较系统的介绍。黄以柱、王发曾、刘荣增等学者还对河南城镇密集区进行了深入的分析，侯晓虹讨论了福州、厦门城市群的发展和空间结构，李忆春等则对成都、重庆一线的城镇体系结构进行了探索（刘荣增，2003）。中山大学、广州地理研究所进行过珠江三角洲城市群的发展规划。此外，中国科学院北京地理所和北京大学的学者对京津唐地区和辽中南城镇密集区分别进行过详细的研究。

3. 城镇密集区发展调控的探讨

国内在城镇密集区发展调控方面的探索主要包括区域规划、区域协调发展以及区域协调管理机构设置等研究。

关于开展城镇密集区区域规划的探索始自1990年代中期。周干峙（1997）认为进行高密集、高城市化地区的区域规划，需要改变传统规划的观念和做法，突出地域整体性，先从整体地域着手而后考虑个体城市。吴良镛（2003）提出为了应对全球化条件下日趋激烈的区域竞争，沿海城市密集地区规划需要"从全球的高度"、"以区域的观念"打破"诸侯规划"，因地制宜地推进区域协调，同时因势利导加强城市和区域规划研究。官卫华（2002）总结认为我国正在出现一种新型规划——城市群规划，认为城市群规划并非区内各单体城市规划的简单"汇总"，而是以城市群整体的区域为出发点，对城市群总体发展的战略性部署与调控。宁越敏等（1998）探讨了长江三角洲都市连绵区跨行政区规划的内容，认为应当包括区域经济一体化、基础设施联合建设以及环境与生态规划，同时应在规划中引进景观规划的概念和方法，以突显地方特色。吴超、魏清泉（2004）在引介国外"新区域主义"区域规划的基础上，讨论了对国内区域规划原则、方法及组织实施的启示。张京祥（2000）和刘荣增（2003）则对城镇密集地区区域规划的组织实施提出了许多建设性的意见。我国的学者们在规划实践方面进行了大量的有益尝试，包括：1994年开展的珠江三角洲经济区与城市群规划研究，提出了都会区、市镇密集区、开敞区和生态敏感区等四种空间类型，建议分类加以管理、调控；2003年在建设部主持下珠江三角洲城市群又进行了新一轮的城市群规划；2000年吴良镛主持了大北京的规划，即京津冀北城乡之间的发展规划。

在区域协调发展方面，阎小培等（1997）对穗港澳都市连绵区协调发展的研究，提出了加强规划管理，严格控制建设用地，保护耕地等措施。张尚武（1999）研究了长江三角洲城镇密集区协调发展问题，强调建立以综合交通为先导的整体发展模式，同时倡议区域整体发展的规划和协调机制。薛凤旋（2000）针对香港与珠江三角洲协调发展的问题，探讨了香港和珠三角城市群应如何分工，以提高区域的整体效益。刘荣增（2003）分析了苏州、无锡、常州城市密集区的协调机制，城市的定位、思路与策略等。朱英明（2000）则通过对城市密集区城市流的分析，指出树立城市群及其联系的观念有利于强化城市间的功能联系，有利于区域整体协调发展。另外，石忆邵、胡刚、薛东前、谷人旭、刘成昆等多位学者还分别以长江三角洲城市群、环杭州湾城市群、黄河上游城市群带、关中城市群、成渝城镇密集区等为例，探讨了通过区域内部功能联系促进整体协调发展的问题（唐路等，2003）。

关于区域协调发展的管理机构，宁越敏等（1998）在国内较早讨论了在长江三角洲城市带建立跨行政区的管理机构的必要性。薛凤旋（2000）提出珠三角都会经济区各个地方政府要快速建立高层次的、常设的协调工作机构，来统一规划区域的协调发展，强调香港特别行政区和广东省必须尽快建立官方合作框架。张京祥等（2002）评估了行政区划调整对区域经济发展的影响，结合区域管治的讨论，建议中国城镇密集地区可借鉴西方国家广泛采用的"双层制"管理体制，建立由两个双层制组合的三层管理系统，第一层是进行城镇密集区层次的协调，第二层是提供地区范围的多种服务，第三层是地方政府提供的所有服务。黄丽（2003）在《国外大都市区治理模式》一书中系统介绍了西方国家大都市区治理的理论基础、选择原则和发展趋势，分北美地区、欧洲地区和亚洲地区介绍了国外的治理模式，并针对我国上海大都市的治理问题提出设立独立的综合职能的大都市区协调机构，保留县级管理体制，推动公众参与以及推动公共服务市场化等改革措施。而罗小龙、张京祥（2003）在苏锡常城市密集区竞争态势实证分析的基础上，提出多中心城市区域管治的制度创新是协调城市竞争的重要方向，进一步从垂直管治体系、水平管治体系以及虚拟管治体系三方面对可能采取的管治制度进行了概念探讨等。

4. 小结

国内的研究正经历从对西方学说、理论的介绍引用阶段，向结合国情特色的理论、模式研究阶段转化。总体上偏重实证研究；分地区、分专业的单项研究较多，综合性研究较少；对全球化影响包括新技术革命、社会经济转型以及多个层级竞争与合作影响下的城市区域发展研究比较缺乏，大多研究沿袭传统城镇体系或经济地理学生产力布局的方法，注重城镇组织结构与相互关系，对人文、生态等要求考虑不足。关于城市区域协调发展、区域规划以及协调发展的管理机构的研究，突出的特点有：

（1）在引介西方理论和实践的基础上，自1990年代以来开展了一些区域规划、区域协调发展及其管理机构的研究，但是，大多数研究尚处于初步探讨阶段，基于实践评价的理论总结和模式探讨比较少。针对个别地区、特定专业领域的研究比较多，相对缺乏系统的理论总结。

（2）关于协调发展，从区域整体利益出发，在区域层面开展的宏观秩序研究比较多，从城市竞争与合作的角度出发，在城市层面开展的微观机制研究比较少。

（3）沿袭传统区域经济学、地理学生产力均衡布局，追求区域合理分工的研究比较多，对全球化影响，包括新技术革命、社会经济转型以及多个层级竞争与合作影响下的城市区域协调发展及其调控的研究比较缺乏。

第三章 城市区域协调发展的系统分析

钱学森先生曾指出，我们可以把任何极其复杂的研究对象称为系统，即由相互作用和相互依赖的若干组成部分结合而成的具有特定功能的有机整体，而且这个系统本身又是它所从属的一个更大系统的组成部分。系统学是从整体及普遍联系的角度揭示事物发展规律的科学，可以为人们从整体上理解和把握复杂事物发展、演化的机理，提供全面而条理清晰的图景。

系统是由相互联系、相互制约的若干组成部分结合在一起，具有特定功能的有机整体，是事物普遍存在的形式和相互联系方式。没有无系统的事物，也没有无事物的系统（苗东升，1998）。

系统按照规模和复杂性，可以分为简单系统和巨系统，巨系统又可以分为简单巨系统和复杂巨系统。复杂巨系统是指由极多的要素通过极为复杂的相互关系组成的规模巨大的系统。"城市区域"无疑属于复杂巨系统。

一、系统的结构与特征

"城市区域"系统可以理解为在特定的城市密集分布地区，城市之间存在密切联系，由一定的人口、资源、环境、经济和社会等功能子系统，通过各种复杂的物质、信息、技术、人员和能源的流通与交换过程，相互作用、影响、依赖和制约而组成的具有一定功能结构的复合系统。每一个城市、城镇又可以看做是相对独立的地理区域子系统。"城市区域"系统在功能结构和空间结构两个维度具有层次性特征，并通过两种结构缀合而成复合系统（图3-1）。

《现代汉语词典》中，"协调"一词作名词和形容词讲，是指"和谐一致、配合得当，在交往中相互满足的行为过程"，作动词讲，"协"有"和"、"合"、"协理"、"和谐"和"协同"的含义，"调"则指"调配"、"调解"，综合的意义可以概括为"协作和调节"。

中国传统哲学特别重视事物发展变化中相互"协调"的重要性，即主"和"的思想，比如："万物负阴而抱阳，冲气以为和"（《老子》），"夫和实生物，同则不继。以他平他谓之和，故能丰长而物归之。若以同裨同，尽乃弃矣"（《国语·郑语》），"君子和而不同，小人同而不和"（《论语·子路》）等。这些论述都强调了相互具有差异性的人或物之间保持和谐、协调的相互关系对生长、发育的重要性。

中国历史传统主"和"的哲学思想对今天的协调发展有两点重要的启示：其一，强调协调并不排除差异和冲突，差异（分工）和冲突（竞争）是协调

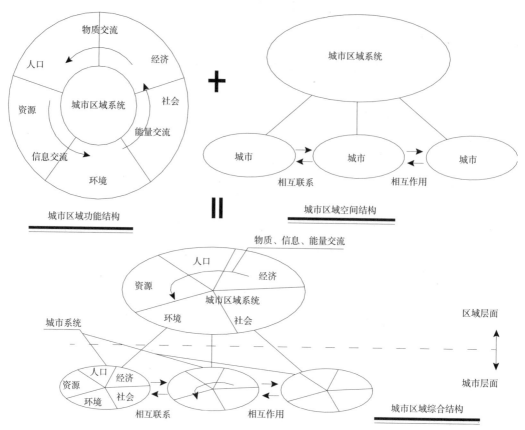

图 3-1 城市区域系统结构示意图

发展的重要基础；其二，协调发展要讲求平衡，不走极端，需要时时将差异和冲突调节在合理的范围和程度内（杨保军，2004a）。

"城市区域"协调发展包括四方面的内容：平衡基础上的"和谐"，分工基础上的"协作"，制度基础上的"调解"以及作为"协调"前提、目标和实现保证的"发展"。

"和谐"是区域持续发展的重要保障，其核心是平衡，既包括在发展中保持社会、经济和生态环境等子系统之间必要的平衡，也包括在不同地域（城市）之间保持发展的平衡。

"协作"是区域作为一个整体发展效率高于局部之和的关键。协作包括简单协作和分工基础上的协作，其中分工的协作可以通过节约资源、提高劳动生产率、通过规模经济降低成本等效应提高参与各方的发展效率，已经成为产品经济时代促进发展的不二法门。

"调解"则是缓解发展中利益主体之间的矛盾，解决冲突，规范竞争的必要手段。调解可以通过文化、习俗和习惯等非正式制度来进行，也可以通过成文的、权威的法律和相应机构等正式制度来开展。建立制度基础上的成熟的规则、机制、机构乃至法律，对保障现代"城市区域"的协调发展来讲是十分必要的。

"发展"等同于"可持续发展"，即不仅谋求经济增长，同时强调社会、环境、人口、资源等子系统的同步发展，不仅谋求当代的利益，同时兼顾后代发展的潜力和权利，不仅谋求一地的得失，同时兼顾区域整体的进步。

"城市区域"协调发展系统是指综合系统及各个子系统之间在共同演化、

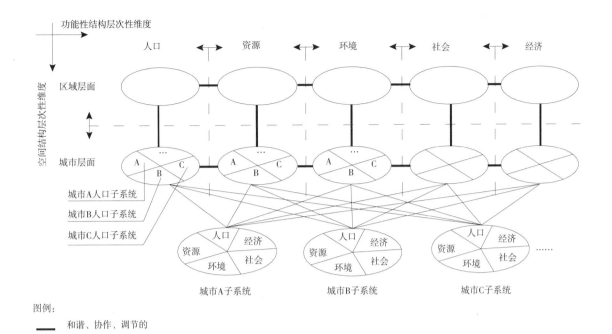

功能性结构层次性维度

人口　　　　资源　　　　环境　　　　社会　　　　经济

区域层面

空间结构层次性维度

城市层面

城市A人口子系统
城市B人口子系统
城市C人口子系统

A ... C
B

人口　经济
资源　　　社会
环境

城市A子系统

人口　经济
资源　　　社会
环境

城市B子系统

人口　经济
资源　　　社会
环境

城市C子系统　　……

图例：

——————　和谐、协作、调节的
　　　　　　联系方向

进化与发展过程中保持利益平衡以维护和谐，开展功能分工以推进协作，建立必要的制度以调节矛盾和冲突，以实现整体可持续发展目标的复合系统（图3-2）。城市区域协调发展系统的重要特征包括：

（1）复杂性。"功能性结构维度"包括人口、资源、环境、经济与社会等子系统，"空间结构维度"包括区域和组成城市两个层级的子系统。两个维度的缀合组成复合系统，各子系统又由众多的元素组成。

系统、子系统及组成要素之间，以及系统与环境之间存在着复杂的相互作用。子系统、要素之间的相互作用具有某种稳定性，体现为某种"模式"，表现为相对稳定的"结构"。动态演变又相对稳定的组织"模式"、"结构"，激发或限制着系统的演化与发展。

"城市区域"协调发展系统的复杂性还表现在动态运行中，各种物质、能量和信息不断交换，常常变现为混沌、模糊、无序，难以度量和精确分析。能否保持协调可持续发展，很大程度上取决于寻找有效的途径来引导模糊和无序走向和谐和有序，并相对稳定为"模式、机制"，以优化系统的"结构"。

（2）开放性。协调发展系统不是一个孤立封闭的系统，区域、城市的人口、资源、环境、社会与经济等子系统之间及与环境之间存在多种多样的相互作用、相互影响。这种开放性对城市区域的有序、协调发展是至关重要的。

热力学第二定理也称"熵增原理"。"熵"是表示无序性的一种度量单位，"熵增"表示在封闭的复杂系统中，自发演化的趋势总是趋向绝对平均的无序状态，即"熵"最大化状态，此时的系统称作"混沌"，不具备任何"结构"，也不可能对外体现出"功能"。通过对大量有序平衡系统的考察，复杂系统保持特定"结构"和"功能"的充分必要条件之一是处于环境的连续作用之下，有序的系统演化，也称为"熵"的最小化。

"城市区域"的开放性表现为积极参与新一轮的全球产业分工，引进发展所需的技术、人才、资金、资源与文化；也表现为通过制度创新、技术创

图3-2　城市区域协调发展系统结构示意图

新以及产品生产和财富创造向外部输出源自内部的资金、技术、文化等。

（3）人的参与性。区域协调发展的目标是以人为本的可持续发展。"城市区域"协调发展系统离不开人的参与。其演化具有自然生态系统与社会系统的双重特征，既体现为自然生态系统的自组织，也体现为社会系统的被组织。其演化与发展很大程度上取决于作为行为主体的"人"。建立以人为中心的可持续发展的发展观、价值观，不断提高人口素质，在理性人的基础上，培育"生态人"——自觉以可持续发展原则、生态原则为行动指导，具有合作精神，彼此理解及理解社会能力的人（叶民强，2002），重视人的组织与调控作用，建立激励创新的反馈机制、边学边干（learning-by-doing）的学习型机制是关键。

（4）信息不完全与不确定性。系统、子系统、要素之间以及与环境之间的关系及相互作用，时刻存在各种随机因素、模糊因素、非线性因素的扰动，不确定性是其基本特征之一。同时，完全获得影响系统演化的所有因素、信息，由于手段的限制、信息量过于庞大以及成本太高，变得不可行。

在信息不完全与不确定的前提下如何实现区域协调发展？"学习"在这一过程中，变得特别重要。应建立边学边干的学习型机制，将区域整体打造成"学习型组织"，在发展中总结经验、迎接挑战、克服困难，通过不断的创新来实现动态调控。

（5）空间层次性。"城市区域"具有两个明确的空间层级：区域和城市。两个层次的协调发展系统均为开放系统，上一层次协调发展实现与否建立在下层次协调发展的基础上，而下层次是否实现了协调发展直接影响和制约着上层次实现协调发展的能力，反之亦然。同一层次的功能子系统（人口、资源、环境等）协调发展的实现与否也将影响其他区域子系统的协调发展。实现系统协调发展需要将空间层次性与功能层次性相联系，将不同空间层次的协调发展相联系，将同一层次不同区域子系统的协调发展相联系。

（6）动态演化性。"城市区域"总是在发展、演化的过程中从不均衡趋近一种均衡。在这个过程中，复合系统以及各个子系统的功能、结构和均衡格局无时无刻不在经历动态的调整、变化。系统从不均衡向均衡态的演化可以通过自身的调整完成。从一种均衡态向更高水平的均衡态的演进需要"扰动"和自身调整机制共同完成。"扰动"可能源自系统外部，也可能源自系统本身的创新。没有足够的"扰动"，系统将难以打破原有的均衡，停滞在原有水平的状态，称为"锁定"（locking-in）。

发展、演进的过程取决于系统的结构、环境、"扰动"的方式与强度以及系统的初始状态和过程中的动态选择，受多种不确定因素的影响，存在多种均衡的可能。演化路径具有"路径依赖"（path dependence）的特性。实现"城市区域"协调发展需要采取动态的、富有弹性的方式、方法。应适时地对城市、区域发展作出调控，从外部引进积极的、正向的"扰动"，避免区域系统在低水平"锁定"。"路径依赖"则提示建立动态的发展规划、战略抉择机制，及时科学地在多重可能性中选择效益最大化的发展道路。

二、协调发展的实现过程

"城市区域"协调发展的实现是复杂多变的过程，如何在复杂性中寻找

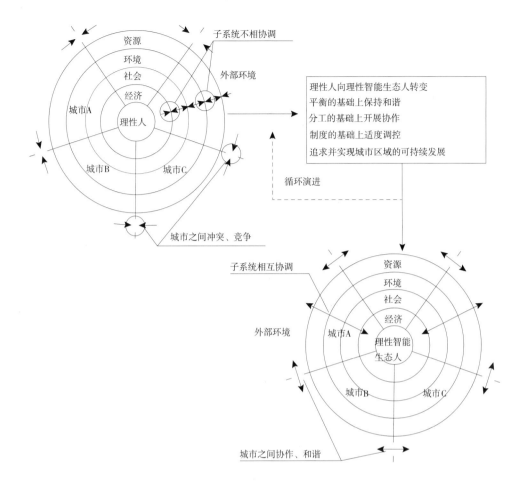

规律、无序中找寻有序、冲突中实现和谐、竞争中开展协作，是核心和关键。
首先，应充分重视人的参与，建立以人为本的系统，以可持续发展的理念来
维护、调控和推动区域协调发展；其次，应重视过程中的学习和创新，选择
区域协调发展的最佳路径；第三，建立协作制度和调控机制，形成区域协调
发展的激励机制（图3-3）。

　　在初始状态，功能子系统之间以及空间子系统之间不协调，物质、能量
和信息的交流、交换不充分，呈现出无序、矛盾、冲突，整体系统则表现为
不协调。协调发展的关键步骤包括：

　　（1）通过学习和创新，将理性人培养为"理性生态人"、"智能生态人"。
使社会理性的人树立新的发展观、价值观，全面接受可持续发展关于社会、
经济和生态环境平衡发展，局部与整体利益平衡发展以及当代人利益与后代
人权利平衡发展的生态理念，并自觉用相应的行为来规范一切社会活动，即
成为了"理性生态人"。进一步，为了提高协调的效率，更科学地实现可持
续发展的目标，引入边干边学机制，鼓励创新思维，使其具有高度的创新能
力、管理能力和专业技术能力，即成为"智能生态人"。

　　（2）选择最佳的协调发展路径。在平衡的基础上保持和谐，在分工的基
础上充分协作，在制度的基础上适度调控以实现城市区域协调发展系统的可
持续发展目标。

　　和谐既包括资源、环境、社会与经济以及人口子系统之间的协调发展，

图3-3　城市区域协调发展目标的实现轨迹示意图

也包括在各个城市间化解冲突、矛盾和过度竞争。平衡是其中的关键，可持续发展的理念已经广为人们接受，3Es（economy，equity and environment）的目标即要求发展在经济、社会与环境等子系统之间保持平衡，同时保持空间利益的平衡以及局部与整体利益的平衡，不使发展的空间差距过于扩大。

在分工基础上协作是提高效率的关键，各子系统之间明确分工保持鲜明的结构性和功能性特征是系统减"熵"的保障。分工基础上的协作利于子系统发挥优势、相互补偿不足，共同激发、共同促进、共同发展，使整个系统成为互惠共生的系统。

在制度基础上的调控对于发展中不可避免的矛盾、冲突，以及建立协调发展的激励机制是非常必要的。合理的制度安排不仅可以及时调解矛盾，化解冲突，更可以对"城市区域"的协调发展起跨越式的推进作用。为此，我们需要认识、总结、分析以往的制度设计，作出科学的评价，并针对性地提出适合本地域的政策和制度。

（3）动态演化，螺旋式上升。复合系统在达到某一层次的协调发展状态后，总是向着另一个更高层次的协调发展的均衡状态演化，如此循环往复地进行下去。城市区域协调发展的实现路径也是一个循环往复的动态演化过程。这一过程需要在目标指引下，不断提升行为主体"人"的素质、能力和观念，在更高的层次上实现和谐、更充分的分工，建立更加高效的制度和调控机制。

三、共生系统共生模式的启示

"共生"（Symbiosis）来源于希腊语，原意是"共同生活"。

1879年，德国真菌学家德贝里（Anton de Bary）将不同种属按照某种物质联系生活在一起，种属之间的相互关系称为"共生"。将生活在一起的不同种属称为"共生单元"，将外部环境称为"共生环境"，将由共生单元按某种共生模式和共生关系组成的生态系统称作"共生系统"。

共生模式可以分为行为模式和组织模式。行为模式包括：寄生、偏利共生、对称互惠共生、非对称互惠共生。组织模式包括：点共生、间歇共生、连续共生和一体化共生（袁纯清，1998）。

共生单元组成的共生体在演化过程中可能对共生环境产生正向作用、中性作用或反向作用，而共生环境也可能对共生体有正向、中性和反向的影响。共生体与共生环境的相互作用共有多种可能，其中对称性的组合类型具有更好的稳定性。双向激励、激励中性和双向反抗具有较强的稳定性（表3-1）。

共生体与共生环境组合类型（袁纯清，1998）　　　　表3-1

共生环境 ＼ 共生体	正向环境	中性环境	反向环境
正向共生体	双向激励	共生激励	环境反抗正向激励
中性共生体	环境激励	激励中性	环境反抗
反向共生体	共生反抗正向激励	共生反抗	双向反抗

共生系统的充分条件之一是共生单元之间具有特定联系。相互联系的界面和通道称作"共生界面"。共生界面是共生单元相互接触、传达信息以及

达成共生关系的窗口，也是彼此交流资源、能量和信息的通道。

共生单元之间通过共生界面不断进行物质、能量和信息的交流，以促进共生单元之间形成结构和功能上的分工，相互补充、相互促进、激励相容，共同进化。

共生系统的生成和演化是一个不可逆的过程。这表现在共生单元进入共生系统中，其发展变化便与系统紧密相连，即使退出共生系统也不可能还原到原有状态。共生系统从一种均衡态向另一种均衡态的演化同样是不可逆转的。共生系统的不可逆性对研究城市区域协调发展有重要的启发和指导价值，即一切不协调、不可持续的状态（资源消耗、生态退化等）都不可能通过恢复来实现协调和可持续的目标，只能通过发展，进一步的发展中向新的均衡、新的协调和新的可持续发展状态靠拢。

从共进化的角度来看，共生系统状态变化有两个方向，一是组织化程度不断提高，共进化作用增强的一体化共生进化方向；二是共生能量分配对称性提高，对称互惠共生的进化方向（表3-2、表3-3）。

共生组织模式的比较分析　　　　　　　　　　　　　　　　　　表3-2

	点共生模式	间歇共生模式	连续共生模式	一体化共生模式
共生界面特性	产生随机性； 界面不稳定性； 介质单一； 共生专一性水平低	随机性和必然性； 界面不稳定； 介质多于一种； 共生专一性低	必然性和选择性； 界面比较稳定； 介质多样化； 共生专一水平较高	必然性和方向性； 界面稳定； 介质多元化，存在特征介质； 共生专一水平高
阻尼特性	内部、外部交流阻力接近； 界面阻尼作用明显	外部交流阻力大于内部阻力； 比较明显	外部交流阻力大，内部阻力小； 界面阻尼作用较低	外部交流阻力大，内部阻力很小； 界面阻尼作用最低
开放特性	对比开放度大于1，共生单元依赖环境； 共生关系与环境不存在明显界限	对比开放度接近1，共生单元依赖环境和共生关系； 共生关系与环境存在某种不稳定边界	对比开放度小于1，大于0，共生单元依赖共生关系大于环境； 共生关系与环境存在稳定边界	对比开放度远小于1，大于0，共生单元主要依赖共生关系； 共生关系与环境存在稳定、清晰边界
共进化特性	事后分工； 单方向交流； 无主导界面； 共进化作用不明显	事后、事中分工； 少数双方向交流； 形成主导界面； 共进化作用明显	事后、事中分工； 多方向交流； 形成主导界面和支配介质； 较强的共进化作用	事前、全程分工； 全方向交流； 具有主导界面和支配介质； 最强的共进化作用

资料来源：刘荣增，2003，经作者改制。

共生行为模式的比较分析　　　　　　　　　　　　　　　　　　表3-3

	寄生	偏利共生	非对称互惠共生	对称互惠共生
共生单元特性	形态明显差异； 同类单元亲近度高； 异类单元单向关联	形态较大差异； 同类单元亲近度高； 异类单元双向关联	形态较小差异； 同类单元存在差异； 异类单元双向关联	形态无差趋近0； 同类单元亲近度高； 异类单元双向关联
共生能量特性	不产生新能量； 能量从寄主向寄生者转移	产生新能量； 一方获取新能量，不存在广谱分配	产生新能量； 存在能量广谱分配； 分配按非对称性机制进行	产生新能量； 存在能量广谱分配； 分配按对称性机制进行
共生作用特性	对寄生者有利，不一定对寄主有害； 存在双边单向交流机制； 有利于寄生者进化，不利于寄主进化	对一方有利，对另一方无害； 存在双边双向交流机制； 有利于获利方进化，对非获利方无补偿机制	存在广谱进化作用； 存在多边多向交流机制； 非对称性机制导致进化的非同步	存在广谱进化作用； 存在多边多向交流机制； 同步进化

资料来源：刘荣增，2003，经作者改制。

共生系统对"城市区域"协调发展系统有重要的启示❶：

（1）建立合作、稳定的"城市区域共生"系统。共生现象是一种自组织现象，合作、协调是其本质特征。共生关系并不排除竞争，但与对抗性竞争不同，共生系统中共生单元之间竞争的目的不是相互代替，而是相互激励、相互促进、相互补充，以实现共进化、共发展。

城市区域协调发展的目标就是在实现可持续发展目标的过程中，人口、资源、环境、社会与经济等功能子系统之间以及以城市为单元的地域空间子系统之间保持和谐的均衡状态。为此需要建立适度竞争基础上的合作、稳定与相互促进、激励相容的共生关系。

（2）以"共同进化（发展）"作为系统的主要目标。共同进化是高级共生系统的主要演化目标，也是高级别共生关系，包括对称互惠共生关系、非对称互惠共生关系的判断标准。在共生单元实现共同进化的自组织过程中，共生关系为共生单元提供理想的进化路径，共生单元之间相互适应、相互激励、相互促进。

城市区域协调发展系统作为共生系统演化的根本目标就是各个子系统、组成部分发生共同进化、共同发展，协调是发展中的协调，发展是协调的目标。

（3）以"对称互惠"的行为模式和"一体化"的组织模式组织共生关系。共生关系的稳定性决定了共生系统的稳定性。高级别的共生关系将产生最大的共生能量，体现了共生关系的协同作用和创新活力，是系统协同合作的动力源泉。"对称性互惠共生"行为模式能够在共生单元之间最有效率地激发共生能量，并按照对称性机制进行广谱分配，使共生单元共同受益，因此是激励相容、整体协同的行为模式；"一体化共生关系"组织模式是内部结构稳定、分工明确，共生单元之间物质、能量和信息的流通和交换阻力最小，效率最高的组织模式。以"对称性互惠共生"行为模式和"一体化共生"组织模式的共生关系是最有效率、最为稳定的共生系统。

城市区域协调发展系统应按照"一体化"的组织模式、"对称性互惠"的行为模式来组织和协调城市之间的相互关系，组织和协调人口、资源、环境、社会和经济等子系统之间的相互关系。由于城市区域协调的高度复杂性、信息不完全和不确定性等因素的影响，"一体化"、"对称性互惠"的关系模式不是总能自动达成。为此需要在把握客观规律的基础上，努力探索协调多方利益的博弈均衡和激励相容的制度安排。

四、复杂系统局部规则的启示

复杂学是诞生于 1980 年代的新兴边缘交叉学科。已开展的研究有两个方向。一个方向着重研究复杂系统的结构和形式，以美国著名的圣非研究所（Santa Fe Institute，简称 SFI）为代表，该学派的具体研究领域包括人工职能、神经网络、免疫系统、人工生命和证券市场等；另一个方向着重研究复杂系统的功能组织，代表理论是"耗散结构理论"，代表人是该理论的创始人普里高津（Prigogine）。

---

❶ 本小节内容参考：吴超，魏清泉. 区域协调发展系统与规划理念的分析［J］. 地域研究与开发，2003，22（12）：6–10.

复杂学定义的"复杂性"与通常意义上的"杂乱"、"混沌"、"混乱"等词义不同，是指复杂系统的行为和组织特征，即系统、子系统、要素之间相互联系、相互作用所表现出的特征和属性，具体包括：内在差异性、相互关联性、动态演化性、自组织性、自适应性和共同进化的能力。

复杂学注重研究行为个体的行为规律，特别是个体之间自适应、自组织、共进化的学习行为，以及行为对系统演化的影响。复杂学主要采用"自下而上"（bottom up）的研究方法。在"自下而上"的探索过程中，强调分析组织化的整体效应，即整体大于局部之和的机制。复杂性的一个主要分支："混沌学"关注的重点则是局部的简单规则如何产生宏观混沌现象的过程和规律。

区域协调发展正是要找出协调的"局部规则"，同时极力避免产生系统混沌、崩溃的"局部规则"，是一种反混沌的理论和方法。复杂学对区域协调发展的启示还包括：

（1）探索协调发展的"局部规则"。复杂学采用"自下而上"的研究方法，强调从复杂系统中行为个体之间的局部关联出发，归纳相关规律，观察局部的相互作用如何引起系统宏观行为的变化。复杂学将引起系统自组织和有序结构的个体之间相互关联、相互作用的局部行为规律称为"局部规则"（local rule）。

在城市区域协调发展系统中，无论是以城市为单元的地域子系统之间，还是资源、环境、社会与经济功能子系统之间的相互作用、相互关联，并不总是导致系统协调发展。为此需要深入研究有利于区域有序、协调、有组织并稳定演化的局部规则，并维护局部规则的运行。

在城市区域协调发展系统中各个子系统之间竞争与合作、冲突与协调的相互关系将会对系统宏观结构产生重大影响，当系统内个体行为以合作和协调为主导时，系统宏观结构趋于稳定，当以冲突、矛盾等过度竞争行为为主导时，系统宏观结构将趋向无序和混沌。探索化竞争为合作、化冲突、矛盾为协调的动力、机制和激励因素将成为局部规则的重要内容。

（2）探索协调发展的"自组织临界态"。巴克（Bak）及其同事于1987年研究系统复杂性行为时提出"自组织临界态（self-organized criticality）"的概念。研究发现复杂系统总是处于持续的非平衡状态，并自发向一种临界稳定状态演化。在临界状态，一个事件会引发一系列事件甚至系统的突变，系统某种均衡条件下的临界稳定状态称为"自组织临界状态"，具体表现为：长程时空关联性、连通性及时空分形结构；符合"雪崩"动力学机制，即临界状态的复杂系统中一个事件会引发一系列连锁反应，类似大小"雪崩"，"雪崩"事件的大小和频度服从幂定律，事件的规模和频度呈指数负相关，事件规模越大，频度越小；符合"元胞自动机"动力学机制。"自组织临界态"的系统拥有最大的复杂性、演化性和创新性，体现了短程、局部的相互作用影响系统演化的长程时空关联性（梅可玉，2004）。

"自组织临界态"可以理解为系统在某种均衡水平上保持有序结构的阀限，突破了临界态，一个小的扰动都可能使系统趋于无序和混沌，甚至对系统的生存和发展构成严重威胁。

城市区域系统中的生态系统是典型的具有这种自组织临界性的复杂系统。生态环境具有对生态破坏的容忍限度，称为"生态脚印"（ecological foot）。人类行为突破了"生态脚印"的限制，生态系统将面临不可逆转的衰退，甚至是崩溃。城市区域的经济系统和社会系统事实上也都存在类似的"临界态"，突破的结果包括严重的经济危机和社会动乱。

区域协调发展首先要研究"临界态"，即确保"底线思维"。分析可能导致区域不可持续的各种"底线"，生态底线、耕地保有底线、资源底线、各种服务和配套设施的"临界态"等。只有明确了底线，才可能针对性地制订防控措施，建立预警机制，在危机发生前及时预警、及时调控，确保各行为主体和系统单元在可持续发展的临界态承载范围内运行。

"临界态"也是复杂系统具有最大演化性和创新性的状态，短程、局部的"扰动"可能产生系统长程演化的时空关联性。这揭示出复杂系统的演化在时间和空间两个维度上并不是均匀进行的，常常表现出跨越式非均衡演化的特性。在向某种均衡状态演进的过程中，系统表现为渐进、稳定和有序，在趋近并突破了这一均衡的"临界态"后，表现为跨越式发展和暂时不稳定的状态。世界范围内，城市区域演化中周期性经济增长的现象，以及空间极化发展的现象都证明了城市区域在时间和空间维度非均衡、跨越式发展的特点。为了提高整体效率，需要认真研究城市区域演化的阶段性特征，明确各个阶段"临界态"的限制，明确实现跨越式发展的瓶颈。

（3）探索协调发展的调节和约束机制。复杂系统常常具有多动力机制的特点，一方面驱动行为主体的动因往往非常复杂，行为主体的行为特征不统一、不协调是普遍现象；另一方面任何外来的"扰动"，包括信息、物质交换，都只能被部分个体接受，外来的动力只对部分个体发生作用，且起作用的方式、效果也不尽相同。如果行为个体之间对信息和动因的反应差异过大，将不利于系统整体的协调与稳定。复杂系统中常常存在多种形式的行为调节机制，有效减缓了系统中不同行为主体的矛盾、冲突，使单元之间的扰动趋于有序和稳定。

城市区域协调发展系统是以人为主导的多动力社会生态系统。利益多元、动力机制非常复杂，各种矛盾、冲突与竞争在所难免。如果不及时加以约束和调节，可能演化成更大的矛盾、冲突，使城市区域的发展陷入无序和不稳定的状态。城市区域的调节和约束机制应该包括两个层面，一是区域层面的"秩序"，包括贯彻"底线思维"，划定区域生态底线、耕地保有底线，协调区域产业发展、基础设施建设等，建立区域层面的约束和调节机制，规范整体发展；另一个是城市层面的"局部规则"，约束城市之间的互动，防止恶性竞争，引导协作、合作发展。

第四章 局部规则：城市竞争及其博弈分析

经济学假定一切相互关联的行为主体具有"理性"（rationality），即给定约束条件下最大化行为主体的偏好。其中，"个体理性"体现为给定条件下追求个体效用最大化的动机、决策和行为；"集体理性"（collective rationality）强调以集体效用最大化为目标的效率、公正和公平。

"城市区域"中也有"个体理性"和"集体理性"。城市出于地方利益、地方效益的竞争行为即"个体理性"；区域对协调发展、集体效益以及公平、公正的追求即为"集体理性"。

博弈论是经济学的一个分支，也是一种思考问题的方法，常用来分析经济领域的竞争与合作（cooperation）（张维迎，1999）。博弈论以"理性"为出发点，强调不满足个体理性的规则就不可能"自实施"（self-enforcing），解决个体理性与集体理性矛盾的办法不是否认和压制个体理性，而是改变规则。在满足个体理性的前提下实现集体理性，实现两者的"激励相容"（incentive compatible）。

城市竞争对区域协调发展有重要的影响。本章将延续上一章关于系统论局部规则的讨论，对城市竞争的动机和行为规律进行研究，探索构建系统协调的"局部规则"。

一、竞争中的地区本位

"地区本位"（self-departmentalism）的字面意思是优先考虑本地区利益，包括从本位主义出发的行为原则和行为方式。西方学者使用过的类似词汇还有"Sectionalism"（局部主义）和"Regionalism"（地域主义或地区主义），含义都是指一定区域范围内由于地理和社会等方面的同质性，使得人们对特定地域的利益、理想和习惯有明确的意识，并将之与其他地域区别开来（任军锋，2004）。

在公共政策领域，美国政治学家Key（Key V.O.，1949）曾指出地区本位"代表了一种特殊的对外战争，在这种战争中，国家领土的一部分作为一个整体反对其他部分"。2000年以来，国内学者也开始关注政治主体在地区本位中的主体地位和主导作用，提出"在以地域利益分野为基础的政治活动中，政治主体按照其居住地的利益作为行动前提"（任军锋，2004）。我国当前形势下的地区本位主要体现为"地方政府为了实现地方经济发展目标和地方政府的政绩目标，追求行政区域内部的经济利益最大化，在发展过程中从本位主义出发所采取的措施、策略或政策"（姜德波，2004）。

地区本位是与地区利益密切关联的，可以概括为从地区利益出发或以争取地区利益最大化为目标的行为集合。地区利益包括的内容非常广泛，有居民生活水平、地方财政、经济基础、自然资源、科技水平、市场秩序以及经济政策等。地方利益主体有地方政府、居民团体、企业以及各种利益组织和地方机构。

地区本位会引发城市间的激烈竞争。由于地方政府作为法律规定的地方管理机构，是地方利益最直接的代表和唯一具有超经济强制力的集团，在现实经济活动中，政府行为与城市发展决策制定有密切的相关性。鉴于我国转型期地方政府特有的职能和地位，地方政府常常是城市竞争措施、策略和政策制定中最强有力，甚至是唯一的决定因素。

城市竞争与地方保护是彼此联系，但并不相同的两个概念。地方保护一切从城市利益，特别是城市政府的眼前利益出发，无视市场经济公平竞争原则，采取公开或隐蔽的多种手段扭曲市场规则，人为地使本地区的经济主体与外地经济主体处于不平等竞争的地位。地方保护只能是以邻为壑的对抗性竞争，也常常遭受竞争城市针锋相对的对待。城市竞争出于地方利益最大化的目标，城市之间可能采取地方保护的形式，也可能采取彼此协作、协调发展的形式，一切视乎采取不同策略时城市的行动成本和预期效益。

当前中国的城市竞争带有强烈的地区本位色彩。

1. 经济体制转轨

改革开放以来，中央政府与地方政府互动，推行了一系列带有分权倾向的行政和经济体制改革措施，包括行政性体制改革、财税体制改革以及投融资体制改革（臧跃茹，2000）。对城市政府而言，行政性分权体制改革是地区本位的制度原因，财税体制改革是导致地方市场割据的经济原因，投融资体制改革则加强了地方政府干预经济的实力。

行政性分权依据"放权让利"的思路，将国有企业管理权由中央向地方下放，激发了地方政府积极从事经济活动的主体意识，使政府和企业的关系由集权性的政企合一转变为分权性的政企合一。地方政府税收最大化成为权衡企业进入和退出市场的标尺，地方政府代替企业成为地区经济的主体。这种现象调动了地方发展经济的积极性，也导致了"行政区经济"现象的出现，引发城市之间恶性竞争、重复建设、产业结构雷同和资源浪费等问题。中央和各级政府也出台过引导协调发展的政策，但并没有转化为经济活动的真正主体——企业的自觉行动，实践中收效不大（李善同，2003）。

关于财税体制改革，早期推行中央与地方政府间"分灶吃饭"和"分级包干"，提高了地方政府自主支配经济的能力，地方政府出于地区利益扶植乡镇企业、私营企业、外资企业等非公有制经济，增强了地方同中央讨价还价的能力，激发了地方政府自主改变规则，扩大地方政府干预地方经济范围的意愿和动机。1993 年开始推行"分税制"改革，以税种为基础的分税机制中地方政府仍具备不断扩大地方经济规模的动力；转移支付制度不完善使地方政府强烈关注地方财源的扩大。同时，各地区经济发展不平衡，落后地区也常常求助行政性垄断手段来保护本地企业和市场（姜德波，2004）。

2. 政府职能演变

政府职能涉及政府与市场的关系，历来是一个十分复杂且从未得到根本解决的问题。二百多年以前，亚当·斯密在其经典著作《国富论》中宣扬价格机制调控的自由经济体系，主张废止对经济自由的任何约束。政府只需谨遵最基本的职能：保护国家和社会的安全，使之不受其他社会的暴力和侵略；保护个人的合法权益和安全，使之不受他人的侵害和压迫；建立并维持必要的公共机关和公共工程。

由于垄断、外部性、公共产品和信息不对称等现象的普遍存在，市场机制常常丧失有效配置资源的功能。"价格体系中阻碍资源有效配置的不完全性"，"在完全竞争和不存在市场失灵的条件下，市场可以利用资源尽可能生产出有用的物品和劳务，但是在存在垄断、污染或类似市场失灵的地方，看不见的手的显著效率可能遭受破坏"（萨缪尔森著、萧琛译，2004）。"即使在市场体系完美地起作用的情况下，它（价格制度或市场制度）仍然可能导致一个有缺陷的结果"（萨缪尔森著、萧琛译，2004）。

为了解决市场失灵，人们借助于政府干预，包括推行短期的宏观经济政策、收入分配和再分配政策以及适度的产业政策和区域发展政策。适度干预的政府职能包括：保持经济平衡和稳定；管制垄断行为；调节经济外部效应；提供公共品；调节收入和财富分配；界定产权和不同主体的利益边界（姜德波，2004）。

经济学家一方面认可政府干预市场可能的积极作用，同时也强调这种干预应是一种十分谨慎的事。政府干预只适合在公共产品、外部性和垄断尤其是自然垄断的情况下进行（斯蒂格里茨，1998）。政府的职能包括三类，第一类是传统的"守夜人"，职能仅包括定义和保护产权、执行合同；第二类是在市场失灵时运用政策来维护市场秩序、社会公平、保护生态环境、反垄断等；第三类是必要的时候管制价格、限制贸易和采取倾斜性的产业政策。政府行使第三种职能必须极为慎重，除此之外的任何市场干预都应视为过度（钱颖一，2001）。

我国在经济体制转型以前，实行计划经济体制和单一垂直的行政管理（政府），具有高度集中和计划性的特征。法律上，中央政府拥有所有社会经济活动的管理权、决策权，地方政府是中央政府在地方的代理，对中央政府负责并代表中央行使在地方的监督、管理和决策权，集利益主体、经济主体和管理主体于一身。在向市场经济体制转轨的过程中，国民经济运行面临来自两方面的风险，其一是市场机制固有的缺陷，包括在自然垄断、外部性以及公共品提供等领域的市场失灵；其二是在中央政府部分放弃对资源高度集中管理的前提下，市场体制尚不健全，难以充分实现资源的有效配置。

事实上，在国内外经济体制转型的国家中，政府都或多或少地承担大于市场体制成熟国家政府的职能，超出部分主要包括：部分代替市场，培育市场以及引导和推进市场体制的形成和完善。职能演变的过程中很难避免由于体制摩擦以及市场与政府之间边界模糊不清所导致的经济运行无序、矛盾和冲突。我国实现渐进式体制改革，政府职能转变的阶段性特征尤为明显。

当前，我国的城市竞争中普遍存在市场分割、地方保护以及重复建设和产业同构等地区本位主义的现象，许多与地方政府的职能不清、定位不合理以及行为不规范有关，包括：政府干预企业竞争层面的微观经济行为，职能"越位"；政府难以及时到位地提供公共品和社会服务项目，职能"缺位"；以及政府在协调和平衡社会福利、社会公平，主持社会公正时，职能部门职责交叉、重叠或缺失，职能"错位"等。

　　3.区域经济竞争格局

　　有学者认为我国中央政府与地方政府建立起了一种"中国特色的联邦主义"（federalism with Chinese characteristic），层级政府间实际上形成了"区域分权体制"（regional decentralization）（Qian and Wingast，1994a；Qian and Roland，1994b），正是这种财、税、行政管理的分权制构成了中国地方层次发展改革的主要动力机制（杨小凯，1994），也正是分权体制改变了地方政府间的横向联系模式。这些观点难免偏颇，但确实反映了城市间竞争日趋加剧的事实。

二、政府的主导作用

　　城市竞争的主体是城市政府之间的竞争。

　　关于政府竞争，蒂布特（Tiebout）1956年在"地方支出的纯粹理论"一文中提出的"以足投票"（voting by foot）的横向政府间竞争模型，指出地方政府之间在向辖区内居民收取税收和提供公共品及社会服务的领域中存在竞争，只有能够使居民自身效用最大化的地方政府才能够吸引居民定居下来。阿波尔特1999年在《一个联邦制的经济构成》中提出新古典的政府间竞争模型，将居民分为不流动和可流动两个组别，指出只要还可以对不流动居民征税，放弃对可流动居民的征税始终是政府的最优策略，总人口中流动比例高，由地方政府通过税收提供足够公共品的难度就大。极端的情况将导致无政府主义的零管制，因此倡议保持最低水平的集中管制。西伯特提出的两国间最优政府活动模型（冯兴元，2003），同样利用征税和公共品提供来分析制度竞争对管制的影响，却得出与阿波尔特相反的结论。他指出不同政府争取流动人口的竞争中降低税率会造成机会成本，必定存在一种均衡使降低税率的边际税率被机会成本所抵免，因而不可能发生竞相降低税率直至零，政府将维持对流动人口征税，由地方政府竞争性地提供公共品也不会导致管制不足。德国的何梦笔教授则通过中国与俄罗斯国内政府竞争的比较研究，指出地方政府既与同级别的政府存在竞争，也同上下级政府间争夺资源，这两个纬度的竞争是密切相关的，纵向关系架构内吸引资源可以帮助一个地方在横向竞争中取得战略性的成功，其中，正式关系需要与其他非正式的关系分开处理（何梦笔，1999）。

　　国内由地方政府主导的城市竞争，不仅围绕税收和公共品提供，在外部环境和内部条件的共同影响下，追求地方经济增长、产业发展也是相互角逐的领域。

　　1980年代以前，由于国内经济总体上处于短缺经济发展阶段，地区本位的城市竞争主要表现为从城市短期利益的角度出发竞相投资和发展市场利好的"短、平、快"加工产业，限制产品流动以及围绕原材料竞争的市场分割；进入1990年代，国内市场供求关系发生转化，出现了供过于求的局面，城市竞争转向市场进入的限制为主，在一些新的领域，如资本市场、产权市场、招商引资的优惠方面，地区本位有所发展。

　　综合经济实力强，产业富有竞争力的城市市场化程度较高，地区本位的表现手法比较隐蔽，常常利用市场经济体制的规则，在制度制定、执行等方面对本地企业、市场加以保护，保护的重点也往往不在于对商品和服务市场进行限制，而是运用多种手段和多种资源干预要素市场的竞争；综合经济实力弱，产业竞争力缺乏的城市一般来讲，对地方政府保护的期望更高，由于能够动员的资源有限，往往倾向于采取赤裸裸的地区封锁，对商品流通和服务市场进行分割的形式。

1. 市场保护

改革开放初期，处于短缺经济时期，市场保护表现为对外地企业生产的产品实行限制和封锁，对本地企业进行保护和补助。利用行政手段对区外竞争性产品设立各种进入壁垒，常见的做法包括阻止外地产品进入本地市场，对其他城市的产品加收各种费用；不准本地商业机构经销其他城市的产品，对本地企业外购实施审批制度；动用价格杠杆提高外地产品的销售价格，削弱其竞争力；动用传媒作不切实际的宣传；甚至设置关卡和路障来阻止产品的正常流通；对本地企业给予优惠政策；保护劣势和亏损企业等。

1990 年代开始由短缺经济转向过剩经济，市场保护的形式有了新的变化。在产品市场方面，由限制外地产品流入转变为限制外地产品在本地的销路；在要素市场方面，竞相创造有吸引力的市场条件，推出各种优惠的地方性政策，比如招商引资以及在土地价格、税收等方面竞相提供优惠条件；在干预企业经营和限制企业流动方面，鼓励企业流入，限制企业流出。

市场保护严重阻碍了资源的合理流动，限制和扭曲了市场竞争，不仅损害了消费者的利益，而且阻碍了产业结构的调整升级和国民经济的正常运转与健康发展（表 4–1）。

市场保护中的典型行为及其对企业影响的严重程度　　　　　　　表 4–1

序号	具体措施	严重程度（按行业数目统计）I—V 依序降低				
		I	II	III	IV	V
1	当地政府要求企业招工优先本地户口人员	16	12	3	1	0
2	外地职员子女在当地入学成本太高	18	12	3	1	0
3	外地职员到当地落户、解决户口较难	0	3	10	7	2
4	打击本地生产的假货不够严厉	0	2	8	2	8
5	政府职能不完善，难以为外地职员提供养老、医疗、失业保险	0	3	5	3	4
6	执行判决时，司法部门不积极	0	0	1	4	4
7	外地企业起诉本地企业时，司法部门不积极	0	0	2	2	4
8	在审判时有明显袒护本地企业的行为	0	1	0	3	2
9	在政府或企业进行建筑过程招标时，对本地企业照顾	0	0	1	1	3
10	限制技术人员特别是重要技术人员流动，如交纳巨额费用，不调动档案户口	0	2	1	4	1

资料来源：国务院发展研究中心"中国统一市场建设"课题组 2003 年 3~6 月对全国 3156 家企业调查的结果，转引自姜德波，2004。

2. 产业同构

在长江三角洲各城市的主导产业中，有 11 个城市选择汽车零件配件制造业，8 个城市选择石化工业，12 个城市选择通信产业（何添锦，2004）。珠江三角洲城市主导产业结构也存在高度趋同的现象（表 4–2）。

珠江三角洲各市高新技术产业定位比较 表4-2

地区	高新技术主导产业排位
珠三角	电子信息、生物技术、新材料、光机电一体化、轻纺化高技术、新能源和环保技术、海洋资源开发利用
广州	电子信息、生物技术、新材料、光机电一体化、新能源和环保技术
深圳	电子信息、生物技术、新材料、光机电一体化、新能源
珠海	电子信息、生物技术、新材料、光机电一体化、新能源和环保技术、海洋工程、精细化工
佛山	电子信息、生物技术、新材料、光机电一体化、新能源和环保技术
江门	电子信息、生物技术、新材料、光机电一体化、新能源和环保技术
肇庆	电子信息、生物技术、新材料、光机电一体化、轻纺化高技术
惠州	电子信息、生物技术、新材料、光机电一体化、精细化工
东莞	电子信息、新材料、光机电一体化、精细化工
中山	电子信息、生物技术、新材料、光机电一体化、新能源和环保技术、轻纺化高技术、精细化工

资料来源：中山大学城市与区域研究中心.珠江三角洲城市群规划社会经济协调发展研究专题.［Z］，2003（6）.

引起相邻城市产业选择趋同的原因很多，包括：政府主导的行政性重复投资（陈油高，1997；景志强，2004；李金英、杨文鹏，2002）；受科技水平、产业发展水平以及区域条件（资源、区位、人口素质等）的限制，可供投资的选择有限；政府主导的地方市场保护；不合理的区域经济政策，或协调发展的区域经济政策没有得到很好的落实；生产要素和商品的自由流通受到阻碍等（李昭、文余源，1998；刘澄、商燕，1999）。

产业同构现象与城市政府主导的地区本位的竞争模式有密切的关系，可以说既是地区本位主义的结果，也是地区本位主义的表现。产业同构的主要危害包括：重复投资、重复建设导致资源浪费；低水平过度竞争，进一步加剧地区之间的封锁和保护；企业发展过于分散，不利于发挥规模经济效应；地区之间难以实现区域分工，不能发挥本地资源优势等（陈油高，1997）。

3. 基础设施重复建设

在长江三角洲，仅南京以下的长江段，已建、在建和待建的万吨以上码头泊位共100多个。从江阴至南通60km岸段，有68个万吨级泊位，平均0.9km就有一个。

上海和苏、浙两省竞相发展集装箱运输，多个港口相继打出了"东方大港"的口号，争做国际主枢纽港。由国家投资、深水泊位最佳的宁波北仑港区，可接纳第五代甚至更大型集装箱船，但因其经济腹地货源不足，又缺乏"长三角"内部货源支持，港口设施能力严重过剩，实际利用率不过10%。

机场、港口、高速公路等领域内的重复投资现象在珠三角和京津唐地区都普遍存在。研究表明，不顾市场容量和长期经济效益，一味追求短期经济效益，盲目投资甚至是城市之间的相互攀比导致了城市内部基础设施重复建设的现象，造成巨额投资的设施、设备利用效率不高，资源严重浪费。

三、竞争的博弈分析

1944年由冯·诺依曼（Von Neumann）和摩根斯坦恩（Morgenstern）合作的《博弈论和经济行为》（The Theory of Game and Economic Behaviour）一书首次提出"博弈论"（game theory）。1950~1960年代，纳什（Nash）、夏普

里（Sharpley）、泽尔腾（Selten）以及海萨尼（Harsanyi）等人对博弈论的发展作出了重要的贡献。从 1970 年代开始，博弈论广泛地运用于经济学中，1980 年代发展成为主流经济学的重要分支，今天已经成为微观经济学的基础（张维迎，1999）。

博弈论主要研究"意识到其行动将相互影响的决策者们的行为"（艾里克·拉斯谬森著、王晖等译，2003），也被称为"冲突分析"和"相互影响的决策理论"（迈尔森，2001）。博弈论是一种方法，是"研究决策主体的行为发生直接相互作用时候的决策以及这种决策的均衡问题的，也就是说，当一个主体的选择受到其他主体选择的影响，而且反过来影响到他人选择时的决策问题和均衡问题"（张维迎，1999）。

博弈包括合作博弈（cooperative game）和非合作博弈（non-cooperative game）。合作博弈强调集体理性，包括效率、公平和公正，非合作博弈强调个体理性、个体最优决策。非合作博弈包括四种基本类型：完全信息静态博弈、完全信息动态博弈、不完全信息静态博弈和不完全信息动态博弈，分别对应于四种类型的均衡概念，即纳什均衡、子博弈精练纳什均衡、贝叶斯纳什均衡和精练贝叶斯纳什均衡（表 4-3）。

非合作博弈的分类及其对应的均衡概念（张维迎，1999：13）　　　　　　　表 4-3

信息 ＼ 行动顺序	静态	动态
完全信息	完全信息静态博弈；纳什均衡；纳什（1950、1951）	完全信息动态博弈；子博弈精练纳什均衡；泽尔腾（1965）
不完全信息	不完全信息静态博弈；贝叶斯纳什均衡；海萨尼（1967、1968）	不完全信息动态博弈；精练贝叶斯纳什均衡；泽尔腾（1975）、Kreps、Wilson（1982）

博弈分析包括五个步骤：对事实进行归纳总结；建构博弈模型表述竞争中的冲突与合作；考察策略组合，找出博弈的纳什均衡；明确纳什均衡的边界条件；返回现实进行检验，对现实进行基于"个体理性"的解释。理论上，城市竞争可能出现任意策略的组合。区域协调发展要求是满足整体收益最大的策略组合（"帕累托最优"❶）（图 4-1）。

截至目前，国内尚没有直接针对城市竞争进行博弈分析的研究。相关的研究包括：2000 年董烨然构建了地方市场保护"囚徒困境"式的博弈模型，通过分析，作者认为无论发达程度如何，地区间有限次行动的选择都是各自采取市场保护策略（董烨然，2000）；阳国亮等人在 2002 年对地方保护主义的博弈分析中得出了不同的结论（阳国亮，2002）；姜德波的研究则揭示出竞争力相同的城市之间，往往导致各自保护的囚徒困境，而竞争力不同的地区竞争中，竞争力强的地区总是倾向于开放，而竞争力弱的地区倾向于保护（姜德波，2004）。

---

❶ 帕累托最优（Pareto Optimality），是以意大利经济学家维弗雷多·帕累托的名字命名的，他在关于经济效率和收入分配的研究中最早使用了这个概念。也称为帕累托效率（Pareto efficiency），是指资源分配的一种理想状态，假定固有的一群人和可分配的资源，从一种分配状态到另一种状态的变化中，在没有使任何人境况变坏的前提下，使得至少一个人变得更好。帕累托最优状态就是不可能再有更多的帕累托改进的余地。帕累托最优是公平与效率的"理想王国"。

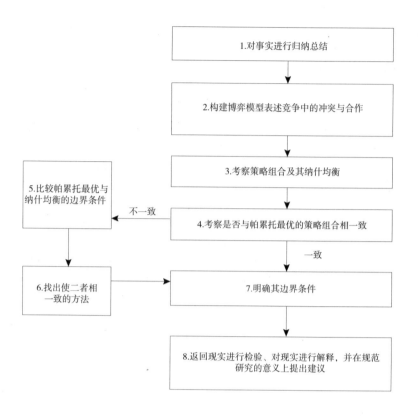

图 4-1　城市竞争博弈分析的方法

　　我们尝试针对地区本位城市竞争具代表性的市场保护、产业同构以及城市的对抗与协作，运用博弈分析法，分析可能的策略组合。

　　（一）市场保护

　　为了简化分析，又不失合理意义，我们暂且假设某区域由两个城市 A、B 组成。在以政府为主导的城市竞争中，城市 A、B 各自有采取市场保护和市场开放的两种策略选择。进一步考虑两种情况，一种情况是城市 A、B 中的产业具有类似的经济竞争力；另一种情况是城市 A、B 中的产业具有明显不同的经济竞争力，假设 A 的经济竞争力明显强于 B。接下来还可以考虑城市 A、B 的产业结构对比有两种结果，一种结果是产业高度同构，表现为"零和博弈"；另一种结果是彼此的产业结构存在明显差别，表现为"正和博弈"。城市之间的竞争可能有三种情况，分别进行博弈论的分析和计算（过程从略，详见附录一），基本结论如下：

　　第一种情况，竞争力类似，经济发展水平相当，而产业结构又高度相同的城市之间。在单方面开放市场可能造成的损失大于保护本地市场的成本时，彼此保护本地市场的市场割据是竞争均衡的结果，此时由于双方均要负担额外的市场保护成本，城市区域的集体效率受损；而当单方面开放市场可能造成的损失小于保护本地市场的成本时，彼此开放市场成为竞争均衡的结果，此时整体发展的效率也达到最高。

　　由于地区本位主义和政府预算软约束的影响，使低估地方保护成本和高估单方面开放市场风险的现象普遍存在。地方政府对地方保护成本的付值如果超出对开放市场风险的期望，将导致地方保护，两者的差距越大，地方保护的激励就越高。为了达到整体帕累托最优的均衡，政策建议是改变地方保护成本与开放市场风险的对比关系，借助第三方（上级政府）或参与人（地方政府）组合的联盟，进行行政和经济方面的调控。调控手段包括两类：一类是加大地方保护成本，例如对实行地方保护进行惩罚；另一类是降低单方面开放市场的风险，例如通过转移支付对开放地区进行补贴，或给予优惠政策等。调控的原则是确保地方保护的综合成本大于单方面开放市场的综合风险。

第二种情况，在产业同构、竞争力不等（意味着经济发展水平有差距）的城市之间。竞争力强、经济发达的城市倾向于采取开放策略，而竞争力弱、经济发展水平低的城市选择开放还是保护取决于市场保护的成本与开放市场损失的比较，当保护市场的成本大于开放市场的损失时，将采取开放的政策，当保护市场的成本小于开放市场的损失时，将采取地方保护的政策。

现实中，对于竞争力相对弱小的城市来讲，单方面开放市场将受到临近城市优势产业的强力冲击，所造成的损失常常远大于地方保护的行政和管理成本，因此，保护地方市场是最可能出现的现实结果。为了实现帕累托最优的策略组合，政策建议是通过转移支付，降低竞争力弱的城市开放市场的损失，平衡双方在同时选择开放策略时的收益差距，确保对双方都具有正向激励作用。

第三种情况下，城市之间产业相似度低、互补性强，没有产业同构的情况。此时，无论城市之间的竞争力相同或者不同，城市之间相互开放市场总是博弈的纳什均衡，同时也是博弈帕累托最优的选择。这说明在产业结构明显不同的城市之间关于市场保护的竞争中，双方总是倾向于采取开放市场的政策，容易形成区域一体化的协调发展态势，这一结论与我们现实中的观察也是吻合的（图4-2）。

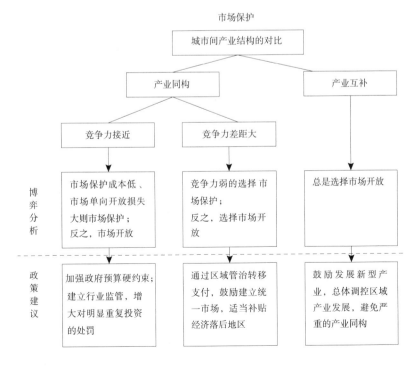

图4-2　市场保护的博弈分析

（二）产业同构

产业同构是与市场保护密切相关的另一个典型问题。在对其作出博弈分析以前，需要根据对现实的观察提炼出影响博弈均衡的外生条件，即模型的自变量。许多研究表明市场保护及其表现，包括生产要素和商品的自由流通受到阻碍，以及协调发展的区域经济政策得不到很好的落实等，对产业同构有明显的影响（李金英、杨文鹏，200；李昭、文余源，1998；刘澄、商燕，1999 等）。但这不是我们想要的条件，主要原因是在前文关于市场保护的博弈分析中，产业同构已经作为市场保护策略选择的外生条件，将自变量与因变量互换将陷入循环论证，难以清晰地说明问题。为此，我们选取产业同构的另外两个主要原因作为博弈模型的自变量，即政府主导的行政性投资和政府投资选择的多样性。

理想状态下，假设相邻的城市政府同时面临选择：是否投资市场当前利好的某特定产业。独自投资将获得高市场收益，同时投资将导致重复建设，进而引起收益下降，不投资特定产业的城市政府假设将选择替代产业进行投资。为了简化分析，我们仍假设区域仅由城市 A、B 组成，两城市同时面临对一种产业的投资选择。城市 A 和 B 各自有两种策略选择：投资这种产业或者投资其他替代产业。城市之间的竞争可能有三种情况，分别进行博弈论的分析和计算（过程从略，详见附录一），基本结论如下：

（1）当产业替代系数为 1，即投资特定产业不带来任何额外的收益，城市 A、B 担心投资特定产业可能遭受重复建设带来的损失，优选策略都是投资其他产业，产业同构的概率为零，不会发生。

（2）当产业代替系数大于重复建设损失，即选择替代产业进行投资比在投资特定产业时重复建设所遭受的损失要小，此时城市 A 和 B 都有一定的概率选择特定产业。导致这种差距扩大的措施将导致选择特定产业进行投资的概率降低。例如，增加产业替代系数，包括增加产业投资的多元化选择，市场需求多元化的发展以及缩小不同产业预期收益等，降低重复投资的损失系数，或者同时采取两种措施。这个结论与经验观察以及许多实证研究的结论相一致。值得特别注意的是，重复投资造成的损失不仅表现在当时当事，更会借助产业发展的路径依赖效应，对产业和区域经济的长远发展构成限制和威胁，如何估量这种长期支付的损失是一个很关键的问题，如果低估甚至忽略长期损失，将人为增大重复投资的概率。

（3）当产业代替系数小于重复建设损失，即在城市 A、B 的支付中，选择代替产业投资的损失比重复建设可能遭受的损失还要大。一种可能的原因是对产业替代系数付值过小，例如可供选择的投资产业十分有限，尽管跟风投资可能导致重复建设，但不跟风投资，替代产业的收益相差太大，投资自然会集中在市场看好的少数产业上。事实上，这正是珠江三角洲开放早期，市场和产业发展都不完善时候的情景，城市在选择和投资主导产业时盲目跟风是造成重复建设和产业同构的主要原因之一。

另一种情况是对重复建设系数付值过大，这又有两种情况，其一，特定产业属于市场新兴产业，远离市场饱和状态，即便重复投资，短期内也不一定对支付有明显的不利影响，但是在成熟市场经济体制中，由于新兴产业不成熟，市场有待开拓，投资风险也很大，预期收益不高，从而一定程度上平抑了盲目投资新兴产业的冲动。在中国当前的经济体制转型期，加强政府投资的预算硬约束以及尽快建立科学、完善的市场收益评价体系是避免盲目投资新兴产业，规避风险的关键。其二，特定产业属于传统成熟型产业，已经接近市场饱和态，但受支付函数或评价机制的影响，人为扩大和歪曲了重复建设系数的付值，典型的做法是地方政府只考虑任期以内的经济效益，完全忽视重复建设的长远不利影响。这种情形导致的重复建设具有长效及递增的负面效应，将直接导致产业和区域经济的不可持续发展（图4-3）。

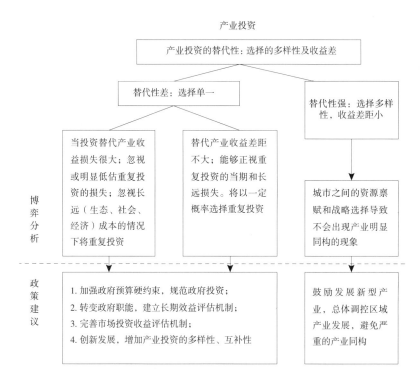

图4-3 产业同构的博弈分析

（三）动态竞争

前文中，我们构建了产业同构前提下竞争力相同的两城市市场保护的完全信息静态博弈模型，不加干预的前提下，选择保护是城市 A 的首选占优策略，城市 B 的策略选择与 A 对称，因而相互保护市场成为博弈唯一的纳什均衡，但此时的集体收益明显小于相互开放市场，并不是帕累托最优（整体收益最大）的策略组合。

这种博弈中个体理性与集体理性的相互矛盾很普遍，博弈论学者 Tucker（1950）最早定义并系统研究这种类型的博弈，使用囚徒博弈的故事来描述模型，这类博弈模型也因此被称为"囚徒困境"（prisoners' dilemma）。"囚徒困境"在地区本位的城市竞争中广泛存在。除了市场保护的典型案例还包括区域基础设施共享、相邻城市共同限制污染型企业、保护生态环境质量问题等方面。在区域基础设施共享问题中，如果城市 A、B 合作投资建设共享的基础设施，能够在最低成本情况下，获得满足双方福利增加的基础设施，如果各自投资并限制共享，将可能由于成本高企或设施达不到效益规模而不得不付出福利减少的代价，但如果选择自己不投资，当对方独自投资时，将由于资源和市场的损失导致己方更大的损失，同时对方将获得额外的利益。这种情况下，博弈中每个城市的理性选择都将是各自投资并限制共享，这显然不是集体帕累托最优的结果。

关于生态环境保护问题，假设城市 A、B 都按照符合生态环境容量要求的产业配额发展对环境有污染的产业，生态环境将能够通过自净效应保持在一定水准，双方在获得一定经济收益的同时，环境成本保持在较低的程度，但当一方超额发展污染企业而另一方选择遵守配额限制的情况下，超额一方将获得超额经济利益，所造成的环境成本却由两个城市共担，遵守限额的城市将不得不承担额外的成本，此时，每个城市的理性选择都是超额发展污染产业，这种纳什均衡将导致整体的生态环境成本激增，乃至区域生态的不可持续发展。

为了在"囚徒困境"类型的博弈中达到帕累托最优，可供选择的措施之一是通过外力改变参与者的支付，使帕累托最优的策略成为个体绝对占优策略，但严格来讲，此时的博弈已经不属于"囚徒困境"的博弈模型。假设参与者的支付不容易改变，这种博弈有没有其他可能的纳什均衡，能否通过自实施达到帕累托最优呢？下面尝试构建一个一般意义上的城市竞争的"囚徒困境"博弈模型来探讨这个问题。

仍然假设区域中仅存在城市 A 和 B，各自有选择协作和对抗的两种策略，与完全信息静态博弈模型不同，动态博弈意味着城市 A、B 之间不只进行一次博弈，而是要进行无限次重复博弈。无限次重复博弈均衡的关键是考察参与者的策略原则。根据逻辑上合理、现实中可能的原则，无限次囚徒困境参与者可能采取的策略包括"冷酷战略"（grim strategies）和"针锋相对战略"（tit for tat）（泽尔腾，1965，转引自张维迎，1999）。

在城市竞争博弈中运用"冷酷战略"意味着：①开始选择协作；②重复选择协作直到一方选择对抗，然后永远选择对抗。通过博弈论的分析和计算（过程从略，详见附录一），我们知道冷酷策略是无限次博弈的一个纳什均衡，城市 A、B 遵守冷酷策略的结果是在"囚徒困境"式无限次博弈中，谁都不会选择对抗竞争的策略，而会持续选择协作策略，从而整体达到了帕累托最优的结果。

在城市竞争中运用"针锋相对"策略意味着：①开始选择协作；②在某一阶段的博弈中总是以对手上一阶段的策略作为自己此次博弈的策略。通过博弈论的分析和计算（过程从略，详见附录一），同样容易发现，城市 A 和 B 都没有首先选择对抗的积极性。"针锋相对"策略也是无限次博弈的一个纳什均衡，并且可以通过"自实施"（self-enforcing）实现帕累托最优的结果。与"冷酷策略"相比较，"针锋相对"对违反规则的惩罚不可信，因此博弈中出现违规行为的概率也要大得多。

上述分析揭示出，如果博弈进行无限次且参与人都能遵守适当的博弈规则，短期的机会主义行为可以得到有效避免，因为短期的收益在无限次博弈过程中显得微不足道，而对长期收益的关注，将激励参与者有积极性建立合作的声誉，同时也有积极性惩罚对方的机会主义行为，维护共同的博弈规则。

现实中，不少学者都曾尖锐地指出，目前地方政府只顾眼前利益的短视行为是导致城市彼此恶性竞争的主要原因之一（姜德波，2004；杨保军，2004b）。这里，关于城市区域中城市动态竞争的博弈分析启示我们，真正从城市的长远利益出发，共同建立、维护并认真遵守适当的博弈规则（例如：冷酷战略或针锋相对战略），即使不通过第三方（上级政府）或城市之间事前建立的动态联盟等外部因素，也可以自下而上地实现整体的协调发展（图4-4）。

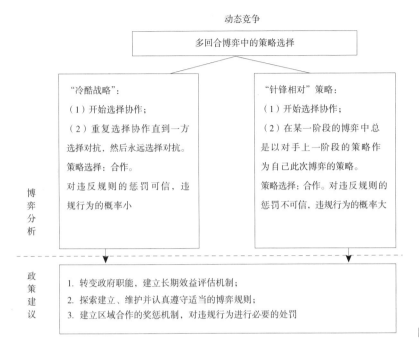

图4-4　动态竞争的博弈分析

（四）小结

1. 关于市场保护

如果城市之间的经济和产业结构基本相同，当两个城市竞争力也基本相当的时候，双方都开放市场是区域收益最大的情形。但双方都倾向于对方选择开放时己方选择对本地市场的保护，以求实现自身利益最大化，结果常常导致同时保护本地市场、对外封闭的局面。为了打破这种不利局面，可以考虑第三方组织市场开放的谈判，或实行某种奖惩措施，打破市场保护。

产业结构基本雷同，当两个城市竞争力存在明显差距的时候，具有竞争优势的城市将倾向于选择开放市场，处于竞争劣势的城市则偏好地方保护。改变这种局面，建议建立转移支付或补偿机制，保障相对不发达城市的利益。

如果城市之间的经济和产业结构差异较大，此时无论城市之间的竞争力基本接近，还是有明显的差距，都将采取开放市场策略并选择相互协作，有利于城市区域内部一体化建设和整体的协调发展。

进一步，还可以考虑城市之间经济和产业结构部分相同、部分不同的情形，此时，可以将不同部分相互开放时带来的收益看做是对开放策略的一种奖励。当这种收益影响显著时，参与者将采取开放的策略选择；当这种收益微不足道时，参与者仍将采取保护的策略选择。换句话说，城市之间经济和产业结构互补的程度越高，合作收益越大，彼此选择协作的动力将越大，可能性越高。

2. 关于产业同构

对政府主导行政性投资的约束和投资选择的多样性对城市之间是否出现产业同构有重要的影响。当投资替代产业的收益损失比重复投资可能遭受的损失要小时，区域中的城市将以一定的概率选择特定产业，概率的取值随产业替代系数与重复建设系数正差值的增大而减小，城市间产业同构的几率是所有参与者概率的乘积。扩大投资产业选择的多样性，重视重复建设的负面影响，将减小城市集中选择特定产业的概率，也减小了城市产业同构的概率。

而当选择代替产业的收益损失比重复建设可能遭受的损失还要大的情况下，参与城市将毫无选择地集中投资短期内市场看好的特定产业，城市之间产业同构成为必然的结果。投资市场和产品市场不成熟，政府投资缺乏财政硬约束和政府主导投资的短期行为是导致这种情形可能的原因。建议完善投资和产品市场，加强政府投资的财政硬约束，尽力避免投资短期行为；转变地方政府职能，使其从干预产业投资等具体经济活动领域退出。

3. 关于城市之间动态竞争

在无限次重复博弈中，无论城市选择"冷酷战略"还是"针锋相对战略"均可以使帕累托最优的行动组合成为最佳选择。当前，以地方政府为主导的城市竞争常常只顾及本届政府官员任期内的短期利益，城市竞争类似于一次或有限次静态博弈，以致"囚徒困境"式的市场保护、产业同构、生态环境失控和基础设施建设中各为自政的现象层出不穷。改善这种局面，除了借助上级政府或区域性机构加强管理外，转变政府官员的奖惩标准和执政思路，强调城市发展的长期利益也是很重要的方面。

第五章 共生秩序：区域协作及其博弈分析

　　共同进化是高级共生系统的主要演化目标。共生关系为共生单元提供理想的进化路径，共生单元之间相互适应、相互激励、相互促进。以对称性互惠行为模式和一体化组织模式的共生关系为特征的共生系统将是最有效率、最为稳定的共生系统。

　　"城市区域"是符合共生原理的生态系统。其协调发展既有赖于建立高效的局部规则规范共生单元间的竞争与合作，也有赖于建立适度竞争基础上的合作、稳定与相互促进、激励相容的共生关系。

　　"城市区域"最有效率、最为稳定的共生关系是按照"一体化"的组织模式、"对称性互惠"的行为模式来组织的相互关系。由于城市区域协调的高度复杂性、信息不完全和不确定性等因素的影响，"一体化"、"对称性互惠"的关系模式不是总能自动达成。为此需要在把握客观规律的基础上，努力探索协调多方利益的博弈均衡和激励相容的区域协作制度安排。

一、"区域主义"的演化

　　英文中，"区域主义"（regionalism）是一个历史悠久且含义十分丰富的词汇，在不同研究领域有不同的内涵。在国际贸易领域，"区域主义"用于描述由多个国家共同组成的范围不一，组织结构、机制各异的超国家经贸组织及区域经济一体化协定，如欧盟、北美自由贸易区、新马印尼增长三角以及亚太经合组织等。在次国家（sub-national）层面的区域经济学和地理学的研究中，"区域主义"意味着由空间上毗邻，存在密切社会经济联系的城市或经济区相互联合的形式、行动及体制。在政治学和行政管理研究领域，"区域主义"的概念又常常与多种区域管理机构、组织有密切关系，如英国近年来在苏格兰、威尔士和北爱尔兰建立的"区域发展机构"（regional development agencies，简称 RDAs），就是一种由公共资金支持，介于中央与地方政府之间的半自治机构，为基于地方的内生创新和经济增长提供了新的制度空间，对地方区域的发展有积极的促进作用（Nathan M.，2000）。

　　在美国，"大都市区域主义"（metropolitan regionalism）是指"在大都市区的地域范围中，有密切社会经济联系，相邻的地理单元之间存在的各种制度、政策和管治机制"（Brenner N.，2002）。其含义既包括通过兼并、合并及联合来调整行政边界建立"超城市"或城市间的各种理事会、管理区或规划实体，也包括通过上级政府颁发法律条文来管理城市扩张，以及在政府间、公私机构间用以加强协作的发展战略❶。"大都市区域主义"并非一帆风顺，在 20 世纪初期和二战结束后至 1960 年代曾两次达到高潮，却又先后归于失败，分别被 1920 年代及 1980 年代主张地方政府自由竞争的"自由主义"所取代，反映了跨行政区管治与协调的艰难，也反映了美国崇尚行政分权的自由政治传统（Brenner N.，2002）。

1990 年代后，"新区域主义"（new regionalism）受到人们的普遍关注，强调了 1990 年代以来的新趋势、新组织、新机构及新体制。在国际贸易中，人们使用"新区域主义"来强调国际经济环境的新变化、新趋势：多边自由贸易更加完整；更多发展中国家主动放弃进口替代的贸易和发展战略，积极参与到多边贸易体系中来；外国直接投资对全球及国家经济发展的影响更加显著，并且更多地移向发展中国家；发展中国家在全球化过程中处于弱势地位，更频繁地采取让步性贸易协议；全球贸易协议开始涉及区域一体化共同发展问题等（Wilfred J. E.，2001）。

在区域经济学、地理学中，"新区域主义"指 1990 年代以来，城镇密集地区和主要的大都市区出现的区域一体化发展趋势和推动区域协作的运动（Altshuler，1999；Barlow，1991；Calthorpe、Fulton，2001；Newman，2000 转引自 Stephen M.W.，2002）。新的思潮包括：增长管理、环境保护以及维护社会公平中对区域协作的重视；"新城市主义"运动、"聪明的增长"（smart growth）运动、"适宜居住的社区"（livable communities）运动以及可持续发展运动中对区域规划的强调；在多个大都市区发起的区域动议，以及在区域联合管治中的政治实践。

有研究将新一轮的区域协作解释成一场源自区域内部的，旨在建立全面协调发展新秩序的政治改革，未来的发展将持续走向深层次的联合和协作（Brenner N.，2002）。也有研究认为当前的区域协作体现的是城市作为行为主体，应对全球化条件下政治经济环境变化的反应。这些变化包括日益激烈的全球经济竞争，区域内部不断加剧的不平等，社会空间极化及重组等。未来的趋势不可能单向度发展，主张分裂的政治力量与主张联合的政治力量相互角力、此消彼长，结果是"区域主义"与"自由主义"将交替占据统治地位。

区域主义在历史中的演进可以分为三个阶段：20 世纪早期"生态区域主义"的尝试，20 世纪中后期"区域科学"、"新马克思主义区域经济地理学"、"公共选择区域主义"和"凯恩斯主义区域管治"的探索，以及 1990 年代后的"新区域主义"的复兴（表 5-1）。

1. 20 世纪初的探索

20 世纪初，伴随工业革命，传统城市向工业城市转化，城市规模快速扩张，围绕中心城市的聚集区开始出现。与此同时，城市内部出现了环境恶化、人口拥挤、生活质量受到威胁等城市社会问题。以社会生态学家 P. Geddes

---

❶ "大都市区域主义"作为术语经常出现在包括美国在内的北美地区关于大都市区管治讨论的文献中，这与当地"大都市区"（Metropolitan Area）的发展是密切相关的。1910 年，美国在人口统计中首次将城市化地区和与之紧密联系的区域称为"大都市区"，经由 90 多年的发展，大都市区尤其百万人口以上的巨型大都市区，已经成为美国当今城市化发展最重要的形式。期间，出于协调冲突和矛盾，合作开发资源以及加强成员间经济合作等原因，开展过多种形式的区域合作运动，尝试设立过正式的政府机构、非正式的准政府机构以及完全由民间发起的各种组织。

时期	名称	代表人物	区域规划的主要特征	区域管治的主要特征
1920年代	生态区域主义（Ecological regionalism，20世纪初到1920年以前）	P. Geddes、L. Mumford、Howard、Mackaye	关心20世纪初期工业；城市快速；平衡城市与乡村；脱胎于建筑学的空间设计手法	（1）建立引导大城市空间向周边乡村及小城镇扩张的管理框架；（2）在大都市区范围内建立集中的行政管理体系，应对社会冲突和政治分裂，维持地区竞争力；（3）"自下而上"的模式，由中心城市的地方政府发起和组织
20世纪中后期	区域科学（Regional science，1940年到现在）	Isard、Alonzo、Friedmann	强调区域经济发展、定量分析和社会科学方法	凯恩斯主义的区域集权管治：（1）在多中心、网络化的都市聚集区中协调人口集聚、产业布局和基础设施的投资建设；（2）多采用"自上而下"的模式，由联邦政府和州政府发起和组织，下放部分联邦和州的财税和行政管理职能；（3）大都市区成为资源配置、生产组织过程中实施宏观调控的重要环节
	新马克思主义区域经济地理（Neo-Marxist regional economy geography，1960年代末到现在）	Harvey、Castells、Massey、Sassen	发展了区域内权力和社会运动分析的分析和研究方法	
	凯恩斯主义的区域集权管治（1960年代）			
	公共选择区域主义（Public choice regionalism，1960年代到现在，1980年代占统治地位）	Tiebout、Ostrom、Gordon、Richardson	用新古典经济学的观念分析地方政府之间的市场竞争	新自由主义的区域分权管治：（1）提倡地方政府之间的自由竞争；（2）鼓励采取"支持增长"的"新自由主义"政策；（3）解散各种区域合作机构
1990年代后	新区域主义（New regionalism，1990年以后）	Calthorpe、Rusk、Downs、Yare、Hiss、Stoper M.、Katz.Pastor	"新区域主义"区域规划的特点：（1）关注区域特性；（2）直面各种社会问题；（3）综合平衡社会公平、环境保护、经济增长目标；（4）重视物质规划、不同层次物质规划与社会经济发展规划的配合	（1）源自区域内部的，旨在建立整体协调发展新秩序的政治改革所驱动；（2）将持续走向深层次的联合和协作
	大都市区域主义（Metropolitan regionalism，1990年以后）	Brenner N.、Wallis A.D.、Orfeld M.		（1）应对全球经济竞争，区域内部不断加剧的不平等，社会空间极化以及传统的都市区组织重组等环境改变的反应；（2）可能走向进一步的政治联合，也可能走向政治上的分裂和相互对抗

资料来源：参考 Stoper M. Wheel，2002；吴良镛，2003；Brenner N.，2002；吴超、魏清泉，2004；吴超、魏清泉，2005b，经作者改制。

和规划学家 L. Mumford、Howard 等为代表的学者强调从适应环境的角度，研究城市及区域随工业化发展的空间拓展规律，提倡向郊区疏散，城乡均衡发展，以控制城市中心过分拥挤带来的诸多社会问题。主要手段包括脱胎于现代建筑学，与工商业组织联系密切的区域规划和由中心城市发起的大都市联合政府。由于"社会生态学"的深远影响，此阶段的区域主义也称"生态区域主义"。

这一时期，区域规划的主要内容是以设立功能组团的方式协调工业发展与城镇住房、交通和公园的空间布局，例如《芝加哥 1909 年规划》和《纽约及其周边区域规划（1929—1931 年）》等。设立大都市联合政府的改革首先由芝加哥城市学家 Roderick 和 McKenzie 等人提出，倡导在大都市区范围内建立集中的行政管理体系，应对城市兼并中不断增长的社会冲突和政治分裂，力求把持经济增长方向以维持地区竞争力（Fishman R.，2000）。1920 年以后，伴随郊区化，边缘行政区快速发展并足以和中心城市相抗衡，结果许多郊区行政区分裂出去（Wallis A.D., 1994）。大都市区联合管理的目标、议程、利益的差距越来越大，被主张分散发展的早期自由主义取代。

2. 20世纪中后期的发展

1940年代，W. Isard与其他学者一起创立了"区域科学"（regional science），尝试运用经济学和社会科学的研究方法，以计量研究的手段来研究区域的经济发展问题，对区域规划产生了深远的影响。J. Friedmann和W. Alonso在他们的《区域发展与规划》一书中，将区域称为"经济景观"（economic landscape），将区域规划定义为区域"资源问题和经济发展的规划"（Friedmann J.、Alonso W., 1964）。英国的D. Harvey和美国的M. Castels以及其他西方新马克思主义者为代表的"新马克思主义区域经济地理学"（Neo-Marxist regional economy geography）在1960、1970年代尝试从权力结构、社会动力机制方面解释区域经济发展。1980年代以Tiebout、Ostrom、Gordon和Richardson等学者为代表的公共选择学派强调用新古典经济学的观念分析市场，强调地方政府之间的竞争对提高政府效率的积极意义，其思想对区域规划的运行机制和区域管治的制度安排都产生了重大影响。

1960年代，伴随福特制工业生产模式大行其道和国家凯恩斯主义的推行，主张在大都市区开展旨在促进地区之间协作、联合的集权管治进入了发展的高潮。美国自1960年代开始设立大都市政府议会，由此也引发了政治学家关于大都市政府的激烈争论；欧洲自1960年起在区域管治方面进行了更为广泛的实验，包括1964年荷兰的大鹿特丹政府，1965年英国的大伦敦政府及成立于1974年的西班牙的巴塞罗那联合政府等。

1960年代凯恩斯主义的区域管治有其特殊的社会经济背景。以美国为首的西方国家普遍进入了快速郊区化的阶段。人口、商业、新兴产业开始源源不断地向郊区迁移，并形成新的中心。中心城日益"空心化"，多中心、网络化的都市聚集区开始取代早期单中心的城镇空间布局。内城由于税收流失，基础设施投入不足，经济发展陷入困境，贫民的大量迁入导致社会动荡，犯罪率上升。中产阶级的郊迁和少数民族、城市贫民在内城的集聚导致社会空间极化，加剧了种族矛盾和阶级对立。加之新兴产业的郊区化更加剧了空间不均衡。郊区化一度被认为是罪魁祸首，"郊区化引发的行政碎化（jurisdictional fragmentation）是许多城市问题的根源，将导致管理低效，加剧地区间的不均衡发展和资源的不合理配置"（Robert Wood, 1961）。

作为一种政治回应，区域合作开始在主要的大都市被倡导。不同于20世纪初期常采用的行政区兼并，此时的区域合作不再求助行政区划调整，转而谋求建立各种准政府的大都市合作组织。区域合作尝试在日益多中心、网络化的都市聚集区中协调人口集聚、产业布局和基础设施的投资建设。"区域主义"的重心从关注地区边界的变动转移到了内部社会空间的演化和调整，"寻找功能区域与制度区域的协调统一"（Lefebvre C., 1998）。

这一时期的区域合作多采用"自上而下"的模式，主要由联邦政府和州政府发起和组织，通过下放部分联邦和州的财税和行政管理职能，使大都市区成为资源配置、生产组织过程中宏观调控的一个环节。区域合作虽部分改善了大都市区政治分裂的表象，却无法改变郊区化和工业分散化的强劲势头，不同行政单元、利益主体之间社会的、政治的及经济的矛盾不断积累，更大规模的政治分裂在所难免。伴随着国家凯恩斯主义在1970年代面临全面的危机，凯恩斯主义的区域管治遭受越来越多的质疑和非议（Fainstein S.、Fainstein N.，1991）。各种区域合作机构被看做不实用、低效率和僵化的大政府的残余，纷纷解散（Fishman，2000）。

3. 1990年代的复兴

传统资源消耗型的发展模式自1960年代开始引发普遍的能源、资源和环境问题。进入1990年代，这些问题已经演化成世界范围内威胁人类生存发展的重要危机。日益加重的环境恶化、资源匮乏、社会分化以及地方特色丧失、文化和物质景观趋同成为全球面临的挑战，促使人们探索新的区域发展道路。

可持续发展的理论被引入到区域发展的研究中来，强调区域的发展不应只考虑经济的增长，还必须考虑社会、环境的发展成本和收益。Panayouto（1993）和"Pasgupta 与 Maler"（1994）指出区域经济发展与区域生态环境退化之间的变化规律符合倒"U"形函数，即环境库兹涅茨曲线。区域的经济发展在工业化的起步阶段，常常会引发生态环境的退化，但随着进入区域发展的高级阶段，经济增长应当从环境的敌人转化为朋友，实现环境、经济的协调增长。

在区域规划领域，"新城市主义"、"聪明的增长"、"适宜居住的社区"受到普遍的关注。"新城市主义"运动强调"以人为本"，尊重地方文化、提升生活品质，注重不同空间尺度规划设计的紧密结合等。"聪明的增长"运动基于宏大的区域发展战略，常常因为地方利益的阻挠而大打折扣，转而倡导渐进式、小范围的基础设施投资、土地开发规划等富有弹性的手段，常常收到良好的效果（Daniels T.，1999）。"适宜居住的社区"关注社区范围的城市设计，提倡城市中心复兴，交通优先发展策略，强调提高生活质量，实现社会公平。

在区域管治的探讨中，1990年以后经历了"大都市区域主义"的复兴。北美地区倾向于依靠现有行政管理机构，实现渐进式、有限目标的区域协调管治；欧洲仍然倾向于建立区域政治实体，但也开始重视与现有政府机构的协调，采用更富有弹性的管理体制。有研究将1990年代以来，"城市区域"出现的一体化发展趋势和区域协作的运动和倡议认同为一种新的思潮，称为"新区域主义"运动。

1990年代后的区域规划具有一些新的特点：关注区域特性；直面各种社会问题；平衡社会公平、环境保护与经济增长；重视物质规划（Stephen M. Wheel，2002）。

（1）关注区域特性

1960年代，区域规划一度过于强调借助经济学、社会科学的方法开展抽象的研究，丢失了早期对地域特性、物质空间的关注。针对这种"空间尺度正从区域科学里消失"的现象，新的区域规划呼吁将其重新纳入（Lefebvre H.，1974），强调应当关注具体的"地区特性"而不是抽象的"功能"（Friedmann J.、Weaver C.，1979）。

新的区域规划强调定性研究与定量研究相结合、系统分析与实地调研相结合。1960年代开始，行为地理学中首先引入现象学的方法，强调实地观察和环境体验，"倾向于从所看到之处开始，尝试从不同的方面出发找出表象（问题）的解决方法"（Relph E.，1987）。美国著名的规划学家凯文·林奇对"城市意象"的研究也强调通过定性研究把握环境结构、环境感知以及行为模式的相互关系。这些工作都为在区域研究中恢复实地调研、重视区域特性的方法作出了开创性的贡献,在区域发展规划、"新城市主义"、"适宜居住社区"运动中得以实行。

（2）直面各种社会问题

Peter Hall（1998）曾评价区域规划:"本质上是对城市罪恶的必要反应",世纪之交的"新区域主义"规划也必然是对 20 世纪城市问题的反应。

1980 年代以来,西方国家开始进入后工业化阶段。但郊区蔓延、环境恶化、社会分化以及大都市区政治分裂,并没有明显改善,反而不断加剧,导致物质形态和社会结构空间分化的"马赛克"现象。"边缘城市"（edge city）、"郊区聚合体"（suburban clusters）、"蔓生城市"（ex-urban sprawl）和"拼贴城市"（collage city）成为学者们描述当前区域经济景观的常用语（Garreau,1991;Moudon、Hess,2000）。新的区域规划强调直面各种社会问题,谨慎地作出回应:深入理解社会经济发展,仔细分析郊区之间以及郊区与中心城市之间的复杂矛盾关系,可能的政治联合形式以及如何平衡各地的税收和服务（Orfield,1997）。在空间规划中,"再城市化"（re-urbanization）成为主要目标。

（3）平衡社会公平、环境保护与经济增长

1990 年代以来,一味强调经济增长的区域发展模式受到挑战。即使在纯粹区域经济学的研究中也强调,区域发展应当涵盖社会进步和维持良好生态环境的内容。事实上,在许多发达国家,经济增长已经不再是最主要的发展目标,经济增长对社会平等、生态环境的负面影响受到人们普遍的质疑,甚至是抱怨。在美国的硅谷（Silicon Valley,California）,一个世界范围区域经济增长的典范,虽然再不必忍受经济发展落后的困窘,却不得不付出人口爆炸式增长、贫富差距扩大、生态环境恶化以及社会不平等现象加重的代价。

（4）重视物质规划

"新区域主义"重视物质规划以及不同层次物质规划之间的密切配合。早期的"生态区域主义"注重空间规划的作用,区域科学和空间学派的学者却丢失了这种传统,"他们花费大量的时间收集资料,仔细分析,提出假设,最后达成结论,或者提出某种建议,接着把结论送到决策者那里,真正的区域发展规划是由另外的规划师完成的"（Isard W.,1975）。这种割裂阻碍了区域的健康发展。"新区域主义"尝试恢复重视物质规划的传统,并且针对不同层次规划相互割裂的局面,倡导将其密切结合起来,以避免由于彼此缺乏联系或难以呼应,或相互交叉冲突。

"新区域主义"还强调将物质规划与社会、经济发展规划密切结合起来。区域科学将经济发展与空间研究结合起来,可持续发展理论又将环境、社会目标与经济目标以及空间研究结合起来。当前的区域规划已经大不同于 20 世纪初期建筑学传统的规划,更为强调对社会经济发展、生态环境保护以及缓解社会问题的"引导"作用,而不是一味"控制"空间增长的方式和速度。物质规划与社会、经济发展规划的全面结合也是区域可持续发展的必然要求。

二、区域管治及制度安排

1990 年代以来,北美及欧洲等的国家经历了新一轮的区域管治复兴

（Brenner，2002）。

1. 经济全球化的影响

伴随资本的国际化运作，地方的社会制度对商品链的空间扩散、资本循环有重要的影响（Stoper M.，1997）。"全球化"伴生着"地方化"（Glocalization）成为当前重要的生产组织方式。生产体系的全球扩散和各种资源的地方集聚并存（Swyngedouw E.，1997）。今天，信息、交通技术突飞猛进，金融全球安全便捷，但产业竞争力依然紧紧根植于地方性的生产综合体（Scott，1998）。伴随全球化，资本控制能力和商品链不断"上调"（up scaling）到全球或超国家层次，生产能力和产业竞争力则不断"下调"（down scaling）到地方区域的层次（Sassen，1991）。区域合作作为加强经济竞争力的重要手段重获重视。重建大都市增长机制，调动公私资源促进区域经济竞争力已经成为区域主义复兴中最有力的措施之一（Wallis，1994b）。

2. 经济空间重组

近20年来，持续的快速郊区化与中心城市再城市化（re-urbanization）并行。大都市郊区仍保持较高的增长速度，城市边缘区不断成长为新的增长节点，同时"老城复兴"（gentrification）带来中心城市人口、产业的增长。这种向内、向外延伸的增长"覆盖了以往从未有过的区域层级"，改变了人们对郊区与中心城市关系的认识（Soja E.，2000）。为了实现共同繁荣，当前的区域协作包括：协调不同市政当局的竞争行为；建立区域行为框架，开展区域规划协调基础设施建设与投资；限制生态环境恶化（Brenner，2002）。

成功的案例包括：美国新泽西州（New Jersey）通过土地分区规划协调各市、县的土地利用；佛罗里达和华盛顿分别于1985年和1990年批准实施紧凑发展，协调土地利用和交通发展；波特兰在区域规划中强制划定"增长边界"（UGB：urban growing bourdery）；1994年明尼苏达州（Minnesota）赋予Minneapolis-St. Paul大都市理事会以区域交通、基础设施和污水处理规划的特别权力；以及1996年亚特兰大大都市成立区域交通指导委员会以控制城市蔓延并管理交通基础设施等。

3. 对"新自由主义"政策的反思

1980年代西方国家普遍实行"新自由主义"政策，鼓励地方政府自由竞争，短期内激发了地方发展经济的积极性，长期却带来许多负面影响。加剧了财政不良的地方政府间为了争夺外部投资的竞争；将公共服务分成多个私有的或准私有的机构，加剧了大都市区行政"碎化"；加剧了发展不均衡、社会空间多极化以及财政不平等（Allen J.，etc.，1998）。

对此类问题的关注使人们开始全面反思"新自由主义"政策，重新批判政治分裂的现象，并引发了区域合作的改革：区域税收共享和再分配政策。目标是在区域内部减少争夺外资的竞争，使经济增长的机会和公共基础设施投资的成本更为平均，并集中治理城市贫困（Hamilton，1999）。具体的区域政策包括设立区域共享税收，转移支付以及提供低收入者住房等。

成功的案例有：Twin Cities大都市区于1990年代建立的区域税收共享系统，将大约20%的地方税收上缴到区域，用于区域环境保护、建设区域基础设施或者补贴经济落后的市镇（Orefield M.，1997）；丹佛、科罗拉多地区成立了区域财产区，将郊区贡献的财政收入用于支持中心城市的基础设施建设（博物馆、体育设施、娱乐设施等）；以及在Montgomery County、

Maryland、Minneapolis–St. Paul 等大都市区普遍实施的为低收入者提供住房的计划等。

区域管治的有效实施需要依托某些制度安排。"制度":谓在一定历史条件下形成的法令、法规、礼俗等规范,规定的行为标准❶。经济学家将"制度"理解为"个人或社会对某些关系或某些作用的一般思想习惯"(Veblen,1899),或一种"集体行动控制个体行动"的现象(Commons,1934);新制度经济学家认为"一个社会中的主要作用是通过建立一个人们相互作用的稳定结构来减少不确定性"(North,1981),"制度"就是"社会中的游戏规则或……规范人际关系的人为约束"(North,1981)、"社会行为的通用规则"(Schotter,1981)或"行为准则"(Schultz,1971)。"一项制度安排,是支配经济单位之间可能合作与竞争的方式……制度安排可能是最接近于'制度'一词的最通常使用的含义了。安排可能是正式的,也可能是非正式的,可能是暂时的,也可能是长命的……它必须用于下列目标:提供一种结构使其成员的合作获得一些在结构外不可能获得的追加收入,或提供一种能影响法律或产权变迁的机制,以改变个人或团体合法竞争的方式"(参考 R. 科斯、A. 阿尔钦、D. 诺斯,1994)。

区域协作需要制度,需要正式的、约束性的规范、规定来对城市合作与竞争作出安排,具体包括各种区域中城市合作、联合的组织模式和管理模式。"新区域主义"有两种典型的组织和管理模式,即单中心体制和多中心体制(刘君德,2001)(表 5–2)。

(1)单中心体制

单中心体制,又称一元化体制,是指在城市区域具有唯一的决策中心,统一的大都市管理机构(刘君德,2001),其突出的优势在方便集中、高效地提供公共服务。重要的区域基础设施,包括港口、机场及其他交通设施、引水工程等,可以在区域范围内实现规模经济效益,也便于将不同种类但密切相关的公共服务结合在一起,比如交通规划与土地利用规划结合,空间规划与社会经济规划结合等。单中心体制下,区域范围内资源、人员、资金以及各种生产要素的流通会更顺畅,集中管制各种冲突和恶性竞争。

单中心体制也存在一些明显的弊端,如公共服务集中提供,规模过大也

区域主义城市协作两种制度安排的比较 表 5–2

	单中心体制	多中心体制
特征	单一决策中心的层级体制	多个决策中心的多层级体制
优点	规模适宜,集约经营,统筹规划,施政顺畅	接近公众,反馈及时,分权制衡,施政民主
弊端	脱离公众,权力集中,官僚推诿,垄断低效	矛盾重重,分散低效,各自为政,缺乏合作
城市区域举例	华盛顿大都市区统一组织的管理模式;杰克森维尔地区单层制管理模式	纽约大都市区松散的"城市联盟";迈阿密地区双层制大都市管理模式;多伦多地区双层制大都市管理模式

资料来源:参考黄丽,2003;张京祥,2000,经作者改制。

---

❶ "制":限定,约束,管束,法规;"度":衡量单位,应遵行的标准。"制度":谓在一定历史条件下形成的法令、法规、礼俗等规范,规定的行为标准(现代汉语词典)。

会因管理成本上升造成效率损失；多样性不足难以满足多种需求偏好；缺乏竞争也可能导致官僚腐化、创新匮乏。现实中，单中心体制大多陷入等级化的官僚结构，对公民需求反应迟钝，缺乏竞争而导致管理、运营成本膨胀，造成社会总体福利的损失。美国华盛顿大都市区和杰克森维尔是单中心体制的典型。

华盛顿地区包括哥伦比亚特区和马里兰州及弗吉尼亚州的 15 个县市，在美国大都市统计区中以人口排名列第四位（1993 年）。该地区作为美国联邦首府所在地，受到强烈的政府调控影响，组成县、市和特区政府之间也具有较强的合作意识，在区域主义的城市协作中采取了统一组织的管理模式，在协商的基础上成立了正规的组织机构：华盛顿大都市委员会（The Metropolitan Washington Council of Governmants，MWCOG）。MWCOG 组建于 1957 年，目前包括 18 个地方政府成员、120 名雇员，年预算超过 1000 万美元。其财政来源为：州政府和联邦政府拨款占 60%，契约费占 30%，成员政府分摊占 10%。MWCOG 的职能众多，从区域交通规划到区域环境保护以及许多公众关心的区域问题。其对地方社会经济发展的促进作用体现在两个方面：①将联邦和州政府的拨款分配给成员政府支持地方经济发展；②为成员提供多种跨行政区的服务，如统一的区域社会服务、基础设施建设以及通过组织的合作购买关键的原料和公用设备。由于 MWCOG 较好地解决了区域问题并为成员带来了实质性的利益，因而是一个相对稳定，且得到大多数成员支持的区域组织机构（参考张京祥，2000：158）。

杰克森维尔地区主要包括杰克森维尔市及杜维尔、克雷、南索和圣约翰 4 个县，1967 年通过选民投票接受了市县合并，成立了单一机构的大都市区政府。合并前的市、县各自负责不同的事务，但互有交叉，效率很低。在水、大气污染、垃圾处理、供电、交通、土地利用规划等区域问题上又面临着极大的困难。市、县合并以经济高效、管理高效、政治负责、社会经济公平和减少地方政府数量为原则。事后的发展证明，这种完全单层制的管理模式和建立单一机构大都市政府的制度安排可以产生明显的规模经济效应，降低政府运营的成本。但是这种模式在美国以及西方国家很难普及（参考张京祥，2000：159）。

（2）多中心体制

多中心体制又称多元化体制，是指大都市地区存在相互独立的多个决策中心，既包括正式、综合的政府单位（州、城市、县、镇等），也包括大量重叠的特殊区域（学区或非学区）（刘君德，2001）。在西方，相较于单中心体制的城市区域管理和组织模式，多中心体制是更常见、更普遍被采取的管理和公共组织类型。近年来，在美国各类地方政府组织，特别是非学区性质的特殊分区增长迅速。为了提高公共设施和服务的效益，不同地方政府及管理区域之间的协调组织纷纷建立。多中心体制正是试图以多个地方政府或管理辖区的协作、协商来满足多种需求偏好。多中心体制中，通常政府较小，公众容易监督，因而政府对当地居民的要求及其变化更具有弹性，反应更加灵敏。

多中心体制面临的主要困难是城市和各辖区之间的合作完全依靠"自下而上"的协商达成，谈判的成本很大，更由于公共服务的供给、消费难以在空间上均衡，公共服务不均等导致成员单位之间常常发生冲突和矛盾。如何合理地分配利益、解决冲突并在合理的范围内维系竞争是多中心体制的关键。

区域中建立松散的、职能单一的、形式灵活的"联盟"或多种类型的准政府、非政府的组织，以及在区域和城市政府之间建立"双层制"的管理组织模式都属于多中心体制的制度安排。前者的代表如纽约大都市区实行的松散的城镇"联盟"，后者的代表则有美国的迈阿密和加拿大的多伦多大都市区的双层制管理模式。

纽约大都市区由纽约州、新泽西州北部和康涅狄格州南部，跨三个州的24个县组成，人口超过1800万，是世界上最大的城市密集区之一。虽然早在1898年，纽约市就和周边的4个县组成了大纽约政府，但时至今日该地区也没有形成统一、权威的大都市区政府，取而代之以松散的、多个单一职能的政府联合组织。1921年，成立了纽约和新泽西州港务局（Port Authorith，PA），负责协调区域内多数交通运输设施，包括机场、桥梁、通勤线和海港设施，PA共有12名委员，由两州州长任命，财政上独立。1929年，成立了区域规划协会（The Regional Plan Association，RPA），作为一个民间的非营利机构开展相关研究，发布公告，却并没有任何行政职能。1971年还成立了区域规划委员会，但是在里根政府时期瓦解。而成立于1960年代的纽约大都市运输局（The New York's Metropolitan Transit Authority，MTA）在1980年代成为州政府直接控制的区域性协调机构。此外，在该区域还针对具体的区域问题，如供水、排水、垃圾处理等成立过多种协调组织，不断地产生、变化以及消失。纽约大都市区展现了一种松散的，针对专门问题的协调组织运行为主的管理模式。这样的制度安排在美国具有代表性，特点是既可以按规模经济的要求进行合理的分区管理，获得较好的社会经济效益，减轻了城市政府的负担；还可以根据城市居民的需要偏好，针对性地提供公共服务和设施，公共服务的多样性大、及时性好，效率高。

迈阿密大都市区和多伦多大都市区实行"双层制管理"模式，即设立区域性的上层政府（或政府性组织）和地方性的下层政府，两者之间存在明确的分权（包括事权和财权，事权与财权相对应）。采用这种制度安排是人们既认识到城市之间协调发展的必要性，又希望在地方性事务和公共服务中保存地方特性，满足当地居民偏好的一种管理模式。

迈阿密大都市区包括佛罗里达州南部的3个县。1945年试图合并迈阿密市和戴德县建立大都市政府的提议遭到否决，转而于1957年尝试采取双层制的大都市管理模式。区域内非城市化地区的所有服务和行政管理由大都市区上层政府负责，27个自治市由地方（城市）政府负责。双层政府之间有明确的职能分工。上层政府主要承担区域范围服务的职能，资金来源于职能相关部门的税收。具体由大都市政府中的理事会，及其下属的8个专业委员会负责，协调解决财政、政府间关系、交通、环境和土地利用、社区事务等各项事务（表5-3）。

迈阿密大都市区双层制管理模式中上下层政府的职能分工   表5-3

	上层政府（大都市政府）	下层政府（市政府）
职能	消费者保护；消防；公路和交通；警察；公共运输；战略规划；垃圾处理	教育；环境卫生；住宅；地方规划；地方街道；社会服务和垃圾汇集

资料来源：张京祥，2000：159-160.

多伦多大都市区是加拿大最大的 6 个大都市区之一，由 6 个独立的市：多伦多市、北约克市、斯卡市、埃托比科克市、约克市和东约克市，加上周边 30 多个郊区行政单元组成，面积达 7000km²。区域管理组织由多伦多委员会（包括 28 名议员和 6 个市长）及委员会下属各专业分部组成。市民可以通过公众参与制约委员会的施政。多伦多委员会由 13 个职能部门（如交通、规划、就业、公园、消防、社区服务等），1 个政府办公室和 12 个专职机构（如警察、交通委员会、动物园管理部门等）共同组成，负责区域范围的公共服务。下层的地方政府组织则主要负责地方性的、更专业化的公共服务和管理职能（表 5-4）。

多伦多大都市区双层制管理模式中市政服务的职能分工　表 5-4

注释：多伦多大都市以 M 代表；地方政府以 A 代表

社区服务		公共教育		固体废弃物管理	
福利资助	M	教育经费征收与借贷	M	垃圾收集	A
儿童关怀中心	M	管理	A	回收处理	M&A
老龄关怀中心	M	**公共交通**		废物处理	M
住房提供	M	多伦多交通委员会	M	**交通流量控制**	
财政与税收		交通服务	M	交通规则制定	M&A
财产税	A	**休闲与娱乐**		行人穿行管理	M&A
借贷	M	区域公园	M	交通指示灯管理	M
地方市政改善	A	地方公园	A	街道照明	M&A
健康		娱乐项目	A	路牌	M&A
公共健康服务	A	社区中心	A	**供水**	
医院服务	M&A	市高尔夫球场	M	动力和净化设施	M
住房		市动物园	M	管道分配系统	M
老年人住房提供	M	体育场馆	M&A	地方政府分配	A
可负担住房提供	A	**道路**		用水收费管理	A
图书馆		快速干道	M	**其他市政管理**	
区域图书馆	M	主干道	M	罚金管理	M&A
地方图书馆	A	地方道路	A	统计数据收集	A
执照和审查		桥梁设施	M&A	电力分配	A
商业经营执照	M	清扫积雪	M&A	经济发展	M&A
结婚执照	A	道路清扫	M&A	文化和社会服务赞助	M&A
建房执照	A	人行道清扫	M&A	港口	A
养狗执照	A	**废水排放**		岛屿和机场	A
规划		环卫管道	M	市政停车场	A
官方规划	M&A	废水处理厂	M	公共选举管理	A
下设机构审批	M&A	分支连通系统	A	邻里改善	A
区划	A	暴雨疏排	M&A	展览地点管理	M
警察和消防				多伦多岛轮渡管理	M
警察	M				
消防	A				

资料来源：Jeffry S, Giles C., 1996:260，转引自黄丽，2003：131.

截至 2013 年，全国有建制市 661 个，其中 100 万人以上的特大城市 63 个，50 万~100 万人口的大城市 48 个 [1]。有学者统计过，如果将非农人口超过 100 万的中心城市及其周边地区界定为大都市区，中国共有 30 多个。而由若干大都市区组成的城市区域主要分布在中国东部沿海地带。按空间规模和社会经济发展水平，中国最大的四个城市区域分别是：长江三角洲、珠江三角洲、京津唐地区和辽中南地区。次一级的城市区域还包括胶东半岛、闽东南沿海地区，以及在中、西部地区以武汉为核心的江汉平原，以成都、重庆为核心的成渝地区，以西安为核心的关中平原，以郑州为核心的豫西北铁路沿线和以长沙、株洲、湘潭为核心的湘东北地区等。这些区域的组织模式可以分为三种类型（刘君德，2001）：

（1）单中心、强管理：以一个超级城市为中心，形成政区等级系统，依靠行政等级体系进行管理。北京、上海、天津和重庆等直辖市中心城市经济发展水平高、人口及空间规模大，形成完整的政区等级系统。直辖市在市区实行"市—区—街道"的"两级政府，三级管理"模式；在郊区则实行"市—县（区）—镇（乡）"的"三级政府，三级管理"体制。

（2）单中心、多元管理：以一个特大城市或大城市为中心，区内有多个县级市，实行市管市、市带县体制。主要是省会城市和发达地区的地级市，市区人口一般在 100 万以上，这类都市区全国大约有 60 多个，所辖县级市行政上隶属省级政府管理，由地级市代管。许多县级市保留了部分独立的经济管理权，与中心城市的关系可能是紧密的上下级管理关系，也可能是相对松散的管理关系。

（3）多中心、分散型：以两个或两个以上相同行政等级的大城市组合形成的大都市区。这类城市区域集中分布在中国东部经济较发达的城市密集地区。从行政等级看，每个区域都至少有两个或两个以上独立的地级市，各自下辖若干市（县），各地级市之间经济发展水平、空间规模都比较接近。

目前，我国城市区域中的组织模式带有明显的行政管理色彩，在适应市场经济体制方面存在明显的不足。

首先，行政管理体制是自上而下的层级体系，横向协调缺乏。下级政府对上级政府负责，上级政府有权对下级政府进行指导和干预，同级政府之间则很少有行政上的联系。某种意义上讲，目前的行政组织是围绕上级政府的高度分割型，常常导致同级别、经济实力接近的地方政府间缺乏协调、过度竞争。地方政府出于地方利益的考虑，以行政区域为界相互封闭、各自发展"小而全"的经济体系，导致的区域产业结构雷同、布局分散，不利于区域经济的整体发展（刘君德、汪宇明，2000）。

其次，缺乏区域协调职能的专门组织。从 1980 年代后期起，我国曾普遍推广"市带县"的管理体制，希望通过给地方放权，依托中心城市组织起地区整体发展。但由于各级地方政府职能重叠，不同级别之间只是管辖范围的区别，中心城市难以发挥区域调控职能。在经济欠发达地区，中心城市强调自身的壮大而牺牲周边的县市的利益；在经济发达地区，中心城市又无力协调、组织周边县市的发展。

第三，地方政府职能复杂，协调难度大。我国地方政府负责经济管理的

---

[1] 《中华人民共和国分县市人口统计资料（2013 年）》。

职能，使其具有很大的主动性与财政力量。对经济效益的追求也使地方政府的决策带有强烈的地区本位。这使得以协调解决各种专门问题的组织受到约束，区域的管理和协调行为常常被地方政府肢解，给一些依靠区域整体协调才能完成的工作造成了很大的阻力。

借鉴国外经验，依据国情，着眼于解决现阶段"城市区域"组织管理制度中的不足与问题，尝试就区域协作的制度安排提出几点建议。主要原则包括：经济高速发展与行政高效管理相融合，局部利益与全局利益相统一，科学性与可行性相衔接。

（1）单中心、集权管理模式。在目前省、（地级）市之间，或跨省区的城市区域层面增设一级政府或准政府（上级政府派出机构），专门负责区域协调的各项职能。优点包括单中心、集权管理有利于各项协调的决策贯彻实施，有利于区域统一规划、集中提供公共服务，形成合理的规模。缺点包括增加了行政机构，增大了行政成本，与目前精简机构的改革背道而驰；集中提供公共服务不能满足多样性的需求偏好。

（2）多中心、分散管理模式。针对问题，在区域层面成立专项任务、有限目标的协调机构和组织。这种制度的优点包括自由、松散的组织形式运行成本低、反应快，能够满足不同居民对公共服务、公共设施的多样性需求；不受行政区划的限制，可以使公共服务和基础设施的供给达到自身要求的合理规模。但是这种松散的、不具有行政强制性的组织和机构实行跨界协调更多得需要依靠市场机制下的谈判和博弈，达成协议的难度大，也不如正式的组织稳定。在我国目前的政治和社会经济环境下，仅凭不具备行政强制力的协调机构，相关决策实施的效果难以预测。处理不当，还常常出现协调机构无果而返，被迫撤除。在国务院支持下，上海经济区成立几年后被迫撤销就是典型事例。

（3）多中心、分权管理的双层制模式。建立仅限于跨界职能的区域政府，具备有限行政职能，与地方政府实行分权管理。这种制度安排兼顾了前两种制度的一些优点：既能够满足跨界协调和集中提供公共服务的需求，又不限制地方政府职能；既保持了部分行政干预力量，又防止了行政结构的过分膨胀。上层政府组织与地方政府之间不是行政隶属关系，而是分工、分权的协作关系。行使协调职能时，主要采用协商、协议的方式，由各个地方政府派驻代表民主决策、共同加以解决。为了保证区域协调措施的顺利实施，还应使其具备一定的财政能力和经济干预手段，可以采用与分权相对应的分税制，税源为其职能所对应的领域。

以上三种制度安排的方案都强调建立区域协调组织和机构，区别在于管理方式的集权与分权、达成协议的短效与长效、调控职能的单一与综合等。结合"共生系统"关于行为模式和组织模式的分析可以更清楚地看出三种模式间的对比关系（表5-5）。

"单中心、集权管理模式"归入"自上而下"的"一体化共生"组织模式，由于采取垂直行政管理的调控手段，合作收益的分配依据行政指令，缺乏公平、公正的市场基础，行为模式可能是"偏利共生、非对称性共生和对称性共生"的任何一种。

"多中心、分权管理模式"的区域协调具有动态性、暂时性和就事论事的特点，其组织模式归入"间歇共生、连续共生"；所有协议都基于市场体

结合生态学共生原理对城市协作制度创新三种模式的分析 表 5-5

三种模式	单中心集权管理的区域性政府组织模式	多中心分权管理的松散区域性协调组织模式	多中心分权管理的双层制组织和管理模式
特征	在省、（地级）市之间，或跨省区的城市区域建立一级政府或政府性组织，负责区域范围内的各项职能	成立专门从事协调跨界事务的机构和组织来引导和影响城市之间的协作	建立仅限于跨界职能的区域政府或政府性组织，具备一定的行政职能，与地方政府实行分权管理
优点	高度集权的区域政府有利于各项决策的贯彻实施；有利于城市区域范围统一规划、集中提供各种公共服务和基础设施	自由、松散的组织形式运行成本低、反应快；满足不同居民对公共服务、公共设施的多样性需求；公共服务和基础设施的供给满足合理规模	既满足跨界城市协调和公共服务提供的需求，又不限制地方政府行使地方职能；既保持了部分行政干预力量，又防止了行政结构的过分膨胀
弊端	增加一级政府，行政机构数量增加、成本加大；加剧了等级化的官僚机构危机；集中提供公共服务和基础设施不能满足多样性需求；对基层的反应速度降低	不具有行政强制性，完全依靠市场机制下的谈判和博弈，达成协议的难度大；不如正式的政府组织稳定；在我国目前的政治和社会经济环境下，相关决策实施的效果难以预测	贯彻各项决策的保障与效率不如单中心集权管理体制；提供区域公共服务的灵活性不如多中心松散的区域协调组织模式
共生系统的行为和组织模式	**组织模式** 一体化共生模式	间歇共生或连续共生模式	一体化共生模式
	共生特征 自上而下的共生关系：共生界面稳定，体现出必然性和方向性；事前、全程的分工合作，共进化作用强	自下而上的共生关系：共生截面相对稳定，体现出一定的随机性、选择性；事中分工，针对具体事件的合作，共进化作用一般	自下而上或自上而下的共生关系：共生界面稳定，必然性和方向性；事前、全程分工合作，共进化作用强
	行为模式 偏利共生；非对称性互惠共生；对称性互惠共生	自下而上的对称性互惠共生模式	自下而上或自上而下的对称性互惠共生模式
	共生特征 产生新能量（带来额外的合作利益）；存在偏利分配、非对称性分配和对称性分配多种可能；与垂直行政管理体系对应的双边双向交流；共进化，但不同单元之间一定同步	产生新能量；存在对称性利益分配机制；以共生单元之间水平横向联系为主的多边多向交流；间歇性的同步共进化	产生新能量；存在对称性利益分配机制；竖向（上层组织与地方政府之间）、横向（地方之间）交织的多边多向交流；稳定的、持续的同步共进化

制下的利益博弈，行为模式可信，是一种"自下而上"的"对称性共生"模式。

"多中心、分权管理的双层制模式"归入"自下而上"与"自上而下"相结合的"一体化共生"组织模式，区域协调采用充分协商、民主决策，合作收益的分配符合"对称性互惠共生"模式。

2000 年以来，国内开展了一些案例研究，制度创新的建议也多倾向于"多中心、分权管理的双层制模式"。

2000 年，有研究关于长江三角洲地区行政管理体制提出过市（地区）/县（市）、区域/市（地区）两个双层制管理体制叠合而成的三级管理模式。在由多个地级市组成的城镇密集区层面自下而上组成地方联合协会的区域协调组织，在组织形式上，它应是一个高度精简的机构，由来自不同地域、不同领域的代表组成各种委员会及决策机构，定期协商、共同解决大区内的重大问题，在调控职能上，它不仅是地区协作的咨询机构，也应是一个拥有一定实权的执行机构，负责大区范围内的协调发展问题，应赋予这种协调组织和机构以大区范围环境整治或重大基础设施建设的认可及资金分配权，以及对区域性金融贷款拥有倡议权并负责编制大区协调发展的总体性战略规划，要求下层次规划必须以此为参照，享有对下层规划的否决权（张京祥，2000）。

2001 年，有研究对珠江三角洲地区行政管理体制提出建议，建立准政府性质、具有跨界职能的都市区联盟政府，在联盟政府下建立与广州—深港—珠澳三足鼎立的都会区相适应的三个都会区协调组织，取消市管市体制，实行城市分等制和在条件成熟时增设直辖市等（刘君德，2001）。

2003 年，对上海大都市区治理模式的研究建议，在国务院成立由上海、江苏、浙江及中央相关部委共同参与的"上海大都市区公共服务整合机构协调办公室"，定期通过协调会议讨论区域事宜，加强城市协作，处理跨界问题。配套改革措施包括：架构区域政府组织；健全区域规划机制；通过税收制度调节收入分配和社会保障制度；适时合理地进行行政区划的调整（黄丽，2003）。

三、合作博弈与"动态联盟"

博弈论根据参与人之间是否合作，将博弈模型分为合作博弈与非合作博弈。主要区别在于博弈方的行为相互作用时，能否达成一个对双方同时具有约束力的协议，如果能就是合作博弈，否则就是非合作博弈（张维迎，1996）。合作博弈强调集体理性、公正和公平，主要研究参与人相互合作时的利益分配，合作稳定性及合作方式等问题。

"个体理性"是博弈论的前提，竞争是相互关系的常态。但出于相互竞争的动机也可能采取相互合作的策略。当个体之间相互合作可以带来额外的收益，在完全信息的前提下，为了追求这部分利益，个体之间将达成有约束力的协议。此时，博弈中的参与人谨遵协议、相互合作，共同追求整体利益最大化，彼此之间的关系类似某种程度的结盟，博弈论称之为"动态联盟"。

关于"联盟"，经济学家倾向于基于资源和交易成本的解释。经济主体（企业）是一系列资源的集合，彼此合作是通过对各种资源的有效整合来达到风险共担、知识共享、合作研发等目的；同时，建立组织间的合作关系能够有效地降低交易成本，从而获得竞争优势等（吴海滨、李垣，2004）。

博弈论将"联盟"解释为一种动机，即利益动机。合作博弈论基于参与人之间存在有约束力协议的前提，认为只要合作的总体收益大于成本就可能达成"动态联盟"，条件是有约束力的协议能够确保双方都满意的利益分配。

关于"联盟"的稳定性，交易成本理论认为联盟的参与者有投机行为的动机，并表现为一定的概率，当为了降低投机风险所必须采取的监督和自我保护行为成本超过联盟所带来的潜在收益时，联盟将表现为不稳定（Arvind P.，1993）；资源依赖理论则认为联盟的动因是为了获取对方的资源，当这种资源的稀缺性降低，或者已经有其他途径获取此种资源时，联盟出现解体的可能性将大大增加（Jeffrey J.R.，2002）。

非合作博弈论基于没有合作协议的前提，强调只有当继续"合作"战略的直接支付至少不低于其选择退出联盟的投机支付时，"动态联盟"的稳定性才有保证；而合作博弈论基于合作协议的前提，认为只要通过协议对支付的再分配能够使参与人退出联盟的投机行为难以得到额外的收益（大于持续协作的收益），就可以确保联盟的稳定。

博弈论关于"动态联盟"及其稳定性的研究，可以为"城市区域"的共生秩序——区域协作的制度安排提供启示。

首先，"城市区域"并不缺乏形成联盟的利益动机。关于经济合作和经济一体化的许多文献都揭示了地域经济主体之间的相互合作，将通过规模经济效应、范围经济效应以及交易成本节约等给经济主体带来额外的收益（孟庆云，2001）。具体的机制包括互补与竞争性机制、规模经济机制和交易成本机制等。

其次，"城市区域"中完全有可能达成有约束力、执行力的协议。城市之间达成协议的动机更加多样化，内容比经济合作庞杂得多。但不可否认，利益动机仍然是区域协作及其制度稳定运行的重要保障。忽视了利益动机的区域协作将成为一句空话。"以往的区域规划只注重空间、产业、生态环境和设施的协调，而忽视了利益的协调，大多是提出一个'整体利益'，倡导个体利益服从整体利益，而这个整体利益却不明朗，忽视利益机制是区域协调停留在口头上的主要原因之一"（杨保军，2004）。

第三，维持"动态联盟"以及防止投机行为都需要成本，会折抵合作带来的收益，"联盟"稳定取决于控制协作成本，使之始终低于合作带来的收益。反观"区域主义"的发展历史，区域协作运动的几次失败都直接、间接地与合作成本高企有关。1990年代后兴起的"新区域主义"和"大都市区域主义"复兴更多地倾向于采取灵活、多样，职能单一、规模有限的协调组织，正是体现了在满足协调功能要求下尽量控制协作成本的初衷。这方面，"区域主义"的兴衰演替无疑给"动态联盟"的生命周期作出了鲜活而又代价高昂的注脚。

第四，在非合作博弈模型中，个体支付最大化是参与者战略选择的唯一考量。在合作博弈模型中，由于协议规定了某种形式的支付转移或补偿机制，个体支付与支付转移、补偿的加总最大化成为参与者战略选择的标准。此时达成"动态联盟"的条件是基于集体理性，相互合作战略是博弈的占优策略，同时存在一种利益分配方案，使每一个参与人在此方案中的所得不少于其单独行动时的支付，以满足个体理性的要求。对比后很容易发现，合作博弈中参与人选择相互协作，达成联盟的条件要比非合作博弈宽松得多，许多非合作博弈中属于"囚徒困境"的类型，只要考虑适当的支付转移条件，可以轻而易举地转化为帕累托最优与纳什均衡重合的类型。基于合作博弈模型的"动态联盟"，其稳定性要远高于非合作博弈模型。

具体到"城市区域"，可以将其发展历史中"自由主义"（包括早期自由主义和新自由主义）时期主张城市自由竞争，追求经济增长目标的阶段，概括为非合作博弈模型；将"区域主义"，包括生态区域主义、凯恩斯区域主义和新区域主义时期主张城市联合管治，追求福利、公平目标的阶段概括为合作博弈模型。自由主义时期的非合作博弈模型，城市之间以对抗、分裂的相互关系为主，即便存在出于经济利益的相互协作，也多是短暂且相当不稳定的。区域主义时期的合作博弈模型，城市之间则易于在"协议"的约束下展开相互协作，过程平稳且具有相对长期性的特点。成功的城市协作组织中都存在高效且良性的利益分配机制，而失败的案例中许多没有处理好这个问题。

构建符合"动态联盟"要求的利益分配机制是影响区域协作制度安排稳定性的关键因素。通过构建合作博弈模型，运用合作博弈论对"动态联盟"的利益分配机制进行研究（过程从略，详见附录二），基本结论如下：

（1）在合作博弈基础上形成"动态联盟"的必要条件是，这样做可以带来额外的合作收益；充分条件则是，城市之间能够通过有效磋商，彼此协调并最终达成有约束力的利益分配协议，约束彼此的合作行为。满足这些条件的城市协作将给各成员带来大于不合作时所获得的利益，并且任何破坏合作的行为都将导致其收益下降，只有真诚地与其他所有城市共同合作，才能获得最大收益。

（2）在"动态联盟"中，虽然各方都追求磋商基础上个体收益尽可能地多，表现在利益分配中的冲突，但至少存在一种使参与各方均能满意的分配方案，它要求所有城市共同参与合作，形成最大的联盟，并且借助支付转移和补偿机制，直接获利较大的城市要给予获利较少的城市一定量的利益补偿，一定假设条件下，这个补偿量是确定的。

（3）转移支付可以吸引对其他城市有明显正外部性的城市参与到联盟中来，并通过参与者追求自身收益最大化的行为将这种外部效应内部化。这样做不仅可以使具有正外部性的城市，同时也使其他城市获得更大的合作收益。

（4）经济发展水平有差距的城市之间开展合作，经济发展水平低的城市常常倾向于采取地方市场保护的政策，以保护本地产业的市场利益。主要原因是担心在一体化组织内部，同经济发展水平更高、竞争力更强的城市竞争将处于不利地位，不仅没有合作收益，还可能会损失部分利益。此时，"联盟"建立收益转移支付机制成为先决条件。转移支付的目标是确保双方大致获得均衡的收益（图5-1）。

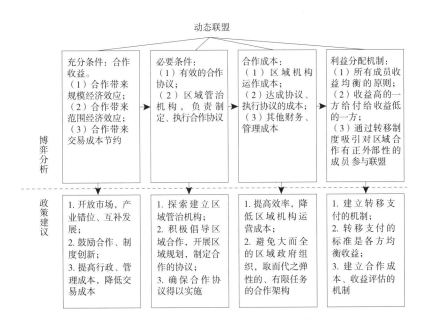

图5-1　动态联盟合作博弈分析

第六章　竞争与协作：以珠江三角洲为例

珠江三角洲地区是有全球影响力的先进制造业基地和现代服务业基地，南方地区对外开放的门户，我国参与经济全球化的主体区域，全国科技创新与技术研发基地，全国经济发展的重要引擎，辐射带动华南、华中和西南地区发展的龙头，我国人口集聚最多、创新能力最强、综合实力最强的三大区域之一。

珠江三角洲属于典型的"全球城市区域"。本章将在前文关于"局部规则"、"共生秩序"理论分析的基础上，结合实际，尝试对珠江三角洲内部的城市竞争、策略选择、动态博弈，以及区域协作的制度安排、利益分配机制等，运用博弈模型进行讨论。

一、发展阶段与模式

珠江三角洲位于广东省中南部，是广东社会经济发展的核心和我国东部沿海地区的三大城市群地区之一。2008 年国务院颁布的《珠江三角洲地区改革发展规划纲要（2008—2020 年）》以"珠江三角洲地区"命名该地区，范围包括广州、深圳、珠海、佛山、东莞、中山、惠州、江门、肇庆九个城市市域范围，陆地面积为 54754km^2（图 6-1）。

珠三角是我国封建文化较早开发的地区之一。两宋以后，珠江三角洲的开发已初具规模。明代即是当时岭南著名的粮食和多种经济作物的生产基地，顺德、南海、中山、番禺等地基塘农业驰名于世。多层次的农业经济架构，加上广州作为国际贸易大港的依托，农副产品和手工业产品市场广阔，产销活跃，珠三角地区成为古代海上丝绸之路的始发地和海上贸易中心。明代后期，珠江三角洲的农业生产商品化倾向日渐明显，成为岭南乃至全国最活跃、最具商品意识的地区。

珠江三角洲在广东省的位置

珠江三角洲经济区的范围

图 6-1　珠江三角洲城市区域及其在广东省的位置

因特殊的地理位置，广州作为珠三角的中心城市，从明嘉靖年间至清末，一直是我国对外贸易的唯一口岸。正是地理区位的独特性和贸易通商的历史基础，造就了珠三角一直以来作为我国改革试验和国际交流的重要基地的独特地位。

改革开放后，珠三角发挥毗邻港澳的区位优势，率先开放，锐意改革。产业发展经历了一条由轻工业—重化工业—高加工度工业的发展路线，形成外资导向型的工业化模式和城市化模式双重驱动的格局，迅速实现了由传统农业经济向城镇经济转型、农业社会向城镇型社会转型的历史性跨越，成为全国城镇化水平最高、城镇连绵化程度最高以及市民化程度最高的地区之一。改革开放以来珠江三角洲的发展可以分为三个大的阶段（表6-1）。

珠江三角洲城市区域发展阶段   表6-1

特征 ＼ 阶段	1979~1983 年	1984~1990 年	1991 年以来
重要事件	经济特区设立，实施家庭联产承包责任制	邓小平第一次"南巡"，沿海开放城市、珠江三角洲开发区提出	邓小平第二次"南巡"，珠江三角洲金融危机，中国加入WTO
改革程度	试点改革	局部到全面	全面到深化到优化
开放程度	经济特区	开放城市、珠江三角洲开放区	珠江三角洲经济区
发展机遇	特区优惠政策	地缘、人缘优势，外资进入	市场经济、港澳回归、中国加入WTO
问题与压力	资金短缺、观念陈旧	基础设施建设滞后	经济过热、长三角崛起，土地—环境问题突出
明星城市	经济特区：深圳	中小城市：顺德、南海、中山、东莞	特大城市：广州
主导经济	农业、乡镇企业	"三资企业"、"三来一补"和乡镇企业	私营经济、跨国公司、企业集团
主导产业	第一、二产业	工业、第三产业	服务业、第二、三产业
投资重点	乡镇企业、三来一补	三资企业、城镇基础设施	城区建设、高新技术产业、生产性服务业
核心动力	工业化	工业化	城市化

1. 1979~1983 年的改革开放试点阶段

体制创新是珠江三角洲经济起飞的初始动力。农村体制改革和深圳、珠海经济特区城市的成立是影响最大的事件。前者促进了农业生产的大发展，使得大批劳动力得以从第一产业中解放出来，乡镇企业、集体经济得到迅速发展，为珠江三角洲的工业化道路奠定了基础；后者为探索由计划经济向市场经济的改革积累了经验，成为引领整个珠江三角洲对外开放、解放思想的先行示范。此阶段，珠三角内部的经济发展呈现明显的不均衡态势，深圳、珠海的发展速度远高于珠三角的整体发展速度，其中深圳由于临近香港的地缘优势，发展速度远高于其他城市。整个珠三角在这一时期实际利用外资占广东省的 50%~60%。同时，由于此时实施开放政策的地域有限，经济体制改革主要集中在农村，珠三角的三次产业结构和 GDP 总量变化不大，但是社会经济的初步发展、特区经济的示范效应为珠三角下一阶段全面启动工业化和外向型经济发展打下了良好的基础。

2. 1984~1990 年的快速发展阶段

对外开放的地域由点及面拓展，经济体制改革不断深入，投资环境快速改善，内外资金的大量涌入成为珠三角经济快速发展的关键动力。1984年，邓小平首次"南巡"肯定了深圳、珠海经济特区作为改革开放试点和窗口的积极作用，1985年经国务院批准，珠江三角洲开放区成立，区域开放政策开始由局部向全面推广。经济体制的改革重点也开始由农业转向工业、由农村转向城市。珠三角各级地方政府纷纷效仿经济特区，积极改善投资环境，大力发展第二产业。这一时期，珠三角的工业总产值保持年均30%以上的增长速度，GDP保持年均26.7%的高增长，到1990年，珠三角实际利用外资占全省的63.69%。产业结构上，第二产业所占比重迅速上升，第三产业的比值也有较大幅度提升，而第一产业所占比重快速下降。珠三角内部经济发展总体上趋于均衡，东莞、顺德、中山、南海等一批中小城市迅速崛起。同时，香港与珠三角的联系日益紧密，在珠三角发展中影响日益扩大。香港在珠三角的试探性投资转为全方位、大规模地进入，大量中小劳动密集型香港制造业将生产迁入珠三角，香港与珠三角"前店后厂"的合作模式初步形成。由于香港对珠三角中小城镇发展全面而深刻的影响，也间接导致广州区域中心地位的下降。

3. 1991年至今的相对稳定发展阶段

1992年，邓小平第二次"南巡"，标志着中央全面肯定了珠三角开放区所取得的成就，此举大大增强了投资者的信心和热情。仅1993~1996年四年时间，珠三角实际利用外资达331.4亿美元，是前12年的两倍多。这时，珠三角城镇建设空前高涨，投资项目和金额迅速增加，投资主体转向跨国公司和大中型集团，投资领域也拓展到交通、能源等大型基础设施及房地产、金融、证券和零售业等第三产业。同时非农建设用地迅速扩大，工业厂房遍地开花，对自然资源和生态环境的过度使用导致环境质量下降。1980~1993年间，珠三角耕地面积减少381万亩，非农建设用地规模失控，许多已占耕地闲置，造成土地资源的浪费。截至1996年，珠三角区域的耕地占用和土地浪费现象已相当普遍，以土地换财富、以环境换增长的粗放型发展模式导致的经济过热十分明显，许多城镇的土地资源接近可开发和利用的极限。与此同时，珠江三角洲城市区域内部随着各个城镇实力的提升，都希望成为区域的经济中心，竞争中的冲突、矛盾和不协作现象日益明显，例如在基础设施建设过程中，6个城市建设了飞机场，临江临海的城市几乎都建设了自己的港口，纷纷希望做大做强，且都以区域运输枢纽为目标。为了协调发展中的矛盾，1994年，在广东省政府主持下开始编制"珠江三角洲城市群规划"，希望借助规划的调控，加强地区间合作，解决城市群整体协调发展的问题。1995、1996年国家实行对宏观经济调控的政策，珠三角经济过热的态势得到有效遏制。

1996年以后，随着外来资金的持续增加，珠三角的经济发展速度在回调两年之后又开始增长。1997年、1999年香港和澳门的相继回归，大大加快了珠港澳三地一体化的进程。这一时期，珠三角内部各市经过改革开放近20年的积累，经济实力大为增强，发展模式也逐步由外资推动变为内外共同推动，向以内生型增长为主的发展模式过渡。城市化的持续快速发展成为区域经济进步的主要动力，各城镇自主发展能力明显提高。经贸渠道不断扩大，外资来源日趋多元化，香港与珠江三角洲的关系开始由单向辐射向双向互动、协作共荣的方向演进。

2000 年以来，珠三角开始探索科技含量高、经济效益好、资源消耗低、环境污染少、人力资源优势得到充分发挥的新型工业化，推动产业转移与升级转型。受产业适度重型化、高技术化、交通运输网络化、城乡空间整合以及粤港澳合作深化等多种因素影响，城镇化呈现数量增长与质量提高并举，在城镇群连绵化更加明显的同时，呈现出环境质量向好趋势和城市结构体系的优化，至 2013 年珠三角的城镇化水平达 84%，初步形成以广州、深圳为第一梯队，佛山、东莞为第二梯队，其他城市为第三梯队的城市体系。2008年以来，在《珠江三角洲地区改革发展规划纲要（2008~2020 年）》的指引下，珠三角经济发展和城市化的动力机制发生了巨大的变化，原来的外资导向型的工业化模式和城市化模式也因此出现了新的趋势。新的动力主要来自于城市经济的发展、国际国内联系的加强、技术创新的强化、民间资本的壮大和国家力量的支持，进一步推动着以广深为中心的内部交通网络以及以香港为中心的国际交通网络的完善，为珠三角融入全球经济发展奠定了基础。

2013 年珠三角地区经济总量（GDP）达到 5.3 万亿元，常住人口5715.19 万人（其中非户籍常住人口约为 2631.63 万人，占 46%），分别占全省的 85.36% 和 53.69%。2012 年珠三角地区现状建设用地总规模约为9227km^2，其中城市建设用地约为 2326km^2。

近年来，珠江三角洲作为一个整体，伴随港澳回归、中国入世、CEPA 签署、长三角以及国内其他城市群的迅速崛起等重大事件，发展过程中不断面临新的机遇，也面临日益激烈的竞争和挑战；在其内部，各个城镇经济实力普遍增强的同时，土地粗放式开发、生态环境恶化以及城镇之间各自为政、过度竞争等现象的负面效应已经成为制约区域可持续发展的阻力。

珠三角的经济发展模式依赖两个不可或缺的条件或优势。一个优势是珠三角地区特殊的地缘、人缘和历史条件：港澳居民 80% 以上原籍广东，讲同一种方言，气候条件、生活习惯也基本相同，这是珠三角吸引港澳投资的独特优势，同时珠三角是海上丝绸之路的起点，明、清两代以来金属冶炼业、纺织业、制陶业、造船业发达，具有发展商业和经济的历史传统；另一个关键条件就是伴随经济体制和政府体制改革，地方政府的层层放权，极大地调动了地方政府主导发展地方经济的积极性。这又体现在两个方面：其一，自改革开放以来，珠江三角洲的各级地方政府就肩负着推动体制改革与区域经济发展的双重任务，同时他们比上一级政府更了解本地的资源状况，他们动员资源的能力又要远远超过各类企业，他们向银行贷款的信誉远在各类企业之上；其二，各级地方政府在区域性市场的形成、外部市场的开拓等各个方面也发挥了不可替代的作用。

珠江三角洲发展模式的基本构架可以概括为："外向型经济 + 乡镇企业及经济组织创新 + 内外市场联动"。每一个环节都与地方政府的主导有密切关系（图 6-2）。外向型经济包括早期的"三来一补"和后来的"三资企业"，政府通过税收优惠、颁布优惠政策以及及时提供咨询服务等方式有力促进了外向型经济的发展；乡镇企业及经济组织创新包括从农村工业化入手，通过"筑巢引凤"引进外资和技术发展工业，以发展乡镇企业为突破口，引导农民"进厂不进城"，这种方式不仅没有侵犯农民的利益，而且保障和增加了农民的利益，因而拥有广泛的社会基础。地方政府主要通过基础设施投资，改善环境质量以及地方税收等措施引导这种发展模式；内外市场联动包括大量国内的出口商品由其直接或经港澳等地转口到国际市场，以及"广货北伐"的浪潮，政府既可以通过组织商品订购、交流活动，也可以通过引导企业发展间接促进内外市场对经济的拉动效应（中山大学，2003）。

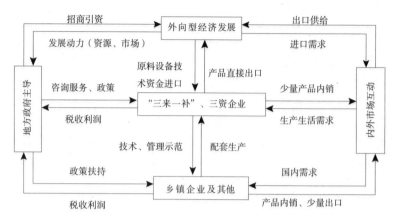

图 6-2 珠江三角洲发展模式的基本框架
（资料来源：珠江三角洲城市群协调发展研究——社会经济研究报告 [R].中山大学，2003）

这一过程中，城市政府始终起主导作用。地方政府出于地方利益在竞争中常常采取偏利性的经济干预措施，城市竞争带有明显的地区本位色彩。一方面调动了地方发展经济的积极性；另一方面也由于忽视长远、整体利益，不适当的干预带来一些负面效应。比较突出的有城市产业同构、区域环境污染、生态恶化以及区域基础设施建设各自为政。

（1）产业同构

珠江三角洲主要城市之间的工业行业结构相似程度较高（表 6-2），其中东岸的深圳、东莞、惠州三市的相似程度最高，行业结构相似系数❶在 0.93以上，尤其是深圳与惠州的相似系数高达 0.986；另外中山与珠海（0.865）、中山与江门（0.847）、中山与东莞（0.842）、珠海与佛山（0.825）、肇庆与惠州（0.812）的相似系数也均在 0.8 以上。更有甚者，在近年来发展高新技术产业的风潮中，珠三角各主要城市的主导产业均集中在电子信息、生物技术、新材料、光机电一体化等领域，连排序都相互雷同。

城市之间明显的产业同构直接影响了珠江三角洲各个城市及区域整体的产业升级，阻碍了生产中的技术进步，长远对该地区的产业竞争力构成威胁（图 6-3）。

（2）环境污染、生态恶化

珠江水系及珠三角临近海域的水污染现象日趋严重。据《泛珠三角区域合作·珠江流域水污染防治规划》进行的调查，随着珠三角经济快速发展，珠江流域区域生态环境压力与日俱增，人口膨胀、环境恶化等一系列问题已成为制约区域可持续发展的不利因素。工业污染未得到切实有效的控制，城市生活污染控制设施建设滞后，畜禽养殖业污染与农业污染日益突出，珠江水环境遭受了污染，大部分流经城镇河段水质严重恶化，不少河流发黑发臭。

---

❶ 行业结构相似系数的计算表达式为：

$$S_{ij} = \frac{\sum\limits_{k=1}^{n} X_{ik} X_{jk}}{\sqrt{\sum\limits_{k=1}^{n} X_{ik}^2 \sum\limits_{k=1}^{n} X_{jk}^2}}$$ ；其中：S_{ij} 为相似系数；X_{ik}，X_{jk} 为部门 K 在 i、j 两种结构中所占比重。

珠江三角洲城市区域工业行业结构相似系数比较 表 6-2

城市	广州	深圳	东莞	佛山	珠海	江门	中山	惠州	肇庆
广州	1.00								
深圳	0.438	1.00							
东莞	0.693	0.940	1.00						
佛山	0.621	0.405	0.535	1.00					
珠海	0.639	0.753	0.816	0.825	1.00				
江门	0.715	0.387	0.555	0.793	0.709	1.00			
中山	0.723	0.727	0.842	0.790	0.865	0.847	1.00		
惠州	0.180	0.986	0.935	0.422	0.737	0.413	0.750	1.00	
肇庆	0.703	0.624	0.742	0.526	0.625	0.773	0.812	0.632	1.00

资料来源：珠江三角洲城市群协调发展研究——社会经济研究报告［R］.中山大学，2003：34，转引自程玉鸿，2004.

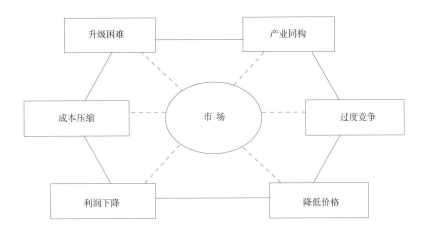

图 6-3 珠江三角洲产业同构与升级困难循环图
（资料来源：珠江三角洲城市群协调发展研究——社会经济研究报告［R］.中山大学，2003）

虽然一再要求各级政府加强工作，但水污染的形势依然日趋严峻。《规划》进一步指出"珠江水环境质量好坏关系到流域区域的可持续发展，急需实施水污染防治方案……以改善珠江水质"，其关键是"解决上下游跨界污染纠纷，减轻新一轮经济潮对流域区域环境的需求和压力"。

另从广州市海洋地质调查局获悉，该局承担的珠江三角洲近岸海域海洋地质环境调查初步表明，珠江口近岸海域约有 95% 的海水被重金属、无机氮和石油等有害物质重度污染，其中深圳、东莞附近海域污染现象特别严重。如果不对这个区域的海洋污染进行有效治理，这片宽广海域以后可能会无鱼无虾，成为中国的"死海"。据项目组调查，珠江口附近海域海水中无机氮、氨、pH 值、磷酸盐、铅、硫化物、石油类均达到了重污染级，其中重金属铅、无机氮、石油几乎 100% 污染超标。根据 2004 年的中国海洋环境质量公报，来自珠江流域的各类污染物随珠江入海的总量达到了 248.18 万 t，其中重金属 8655t，氨氮 65637t，石油类 59853t。绝大部分来自工业生产污染和城镇居民的生活污水。许多污染物未经处理直接排放入海，严重影响了近岸海域水质。改善这种趋势，专家建议开展环境容量研究，建立污染监控机制、危机预警机制，以及与此配套的污染额度在珠江水系流域主要城镇间的配给制。实施这些措施和步骤都依赖于城镇之间开展紧密的协作（南方都市报，2005，下载自：http://www.sina.com.cn）。

由于粉尘及各种化学气体排放物导致的"灰霾"空气污染也呈急剧增长的趋势。气象学中将大量极细微的干尘粒等均匀地浮游在空中，使水平能见度小于10km的空气普遍混浊，使远处光亮物体微带黄红色，使黑暗物体微带蓝色的现象称作"灰霾"。城市中行驶的汽车、摩托车等各类燃料型的机动车排放的废气，工业生产未经处理直接排放的多种粉尘，都是造成灰霾天气的主要原因，出现灰霾即表示空气污染已经达到相当严重的程度，对人体健康有明显影响，进一步发展将导致空气的"光化学污染"，甚至可能威胁人类的生命安全。近年来，在珠三角主要城市出现灰霾天气的天数急剧增多。根据统计，佛山市1995~1998年禅城区的灰霾天数呈逐年上升的趋势，1999年全年灰霾天气突破100天，此后四年，灰霾的天气基本上保持在100多天；另据东莞市气象台记录，东莞市2003年出现灰霾的天数为121天，2004年1~8月出现灰霾的天数为91天，其中2003年12月份共有26天出现了灰霾，是历史上出现灰霾现象最多的月份，而1973~1999年录得出现灰霾的天数总共才有37天，2000年后灰霾现象急剧增多，2000~2004年8月出现灰霾现象的天数已高达230天；在广州，2002年灰霾天气有85天，2003年增至98天，2004年截至11月的统计已经超过135天。根据专家分析，珠三角地区空气中的污染排放逐年增加，包括城市中燃油机动车，特别是摩托车的尾气污染，佛山禅城、南海地区的陶瓷加工业和金属加工业排放的固体颗粒物等，是造成城市中灰霾天气的主要原因。为了控制大气污染，改善空气质量，专家建议尽快建立灰霾预报预警系统，各地政府参与的动态控制排污系统以及控制污染源排放的决策系统，"必须是珠三角城市群之间统筹考虑灰霾的防治工作。珠三角城市群之间一定要加强合作，联手解决这个问题，光是一个广州是解决不了问题的，这里面有大量的协调工作要做。"（南方都市报，2004，下载自：http://www.sina.com.cn）

二、城市竞争的博弈分析

著名的"库兹涅茨曲线"预言：在工业化起步阶段，生态环境受到未经处理的工业污染而退化，当区域经济发展到高级阶段，生态环境受到重视，环境污染得到控制和治理，经济将实现与环境的同步增长。但这并不是自动发生的，转型的关键在人们对工业发展环境效应的认知和重视生态保护的观念转变。

今天的珠三角应该说在这方面不存在障碍，实际上关于保护环境和控制工业污染的观点早已广为接受，上级政府一再要求，也出台了相应的规定，学者们一直在奔走呼吁。可现实中，这种所谓的"后发优势"为什么毫无体现，生态恶化日趋严重呢？又为什么明知产业同构、重复投资、重复建设对长远发展不利，还难以采取措施加以扭转呢？地区本位的城市竞争又在其中扮演什么角色？关于城市竞争的博弈分析为我们提供了新的视角。

1. 产业同构的博弈分析

根据非合作博弈论的分析，对政府主导的行政性重复投资的评估和市场可投资产业选择的多样性、可替代性,是影响城市之间是否同时投资市场收益看好的特定产业的关键,多次博弈均同时选择特定产业就可能导致城市之间发生产业结构性趋同。珠三角早期的产业趋同主要表现为对传统制造加工业的重复投资,当前则主要表现为发展高新技术时主要产业定位的重合。

在珠三角发展早期,政府主导下的"三来一补"和"三资企业"在地方经济发展中起重要推动作用(图6-4)。以传统加工制造中小企业为主要载体的产业发展在不同城市之间出现结构性趋同,存在客观和主观两方面的原因。客观原因主要包括:①对不同城镇来讲,香港都是最主要的技术、资金以及产业转移的来源地;②珠三角内部城镇之间的资源条件、区位条件差别不大;③由于具备明显的成本优势,产品在国内外市场竞争力比较强,远未达到市场饱和状态,重复建设可能导致的损失相对眼前的收益不是主要矛盾。主观原因主要是城市之间"邻域搜寻的竞争态势"和纷纷采取"紧跟型(竞争)战略"(杨保军,2004b)。政府主导下的城市发展不去积极开拓市场、发展新兴产业,而是"跟风"投资,导致产业发展的替代性、多样性低下。这种现象又与当时市场制度不健全,发展替代(新兴)产业的风险得不到补偿;政府行政不合理,只重眼前利益;以及财政评估和约束机制不到位,"跟风"投资的损失难以硬化有密切关系。

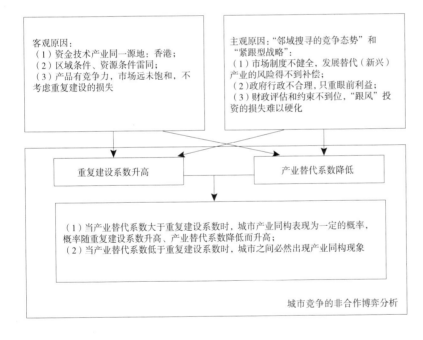

图 6-4 早期珠三角传统产业发展中同构现象的机理

当前,珠三角城市在发展高新技术产业的定位上同样存在着趋同的现象,其主要原因与传统产业的结构趋同有相似的地方,也有不同的地方(表6-3)。

关于产业同构解困的方法,根据非合作博弈论的原理,应当采取平抑重复建设系数和提升产业替代系数的措施。平抑重复建设系数的措施包括:

(1)深入挖掘当地的资源和环境优势,培育核心竞争力;

(2)政府行政强调长远利益,改变对地方政府官员以一时一地经济增长为主要指标的政绩评估标准,强调地区的长期利益和可持续发展目标;

(3)加强财政硬约束,追究行政性投资失误的相应责任;

珠三角高新技术产业与传统产业结构趋同的原因及解困措施　　　　　　　　表 6-3

| | 产业结构趋同的客观原因 | | 产业结构趋同的主观原因 | | 解困措施 |
	相同之处	不同之处	相同之处	不同之处	
传统产业	资源条件、区位条件差距不大，对产业选择和发展影响大	（1）资金、技术、产业转移来自香港；（2）产品具成本优势和一定的市场潜力	政府积极行政，强调当地当前的发展利益，更多地发挥促进地方经济增长的积极作用	（1）财政约束软化，"跟风"投资的损失难以硬化；（2）市场体制不健全：市场风险得不到补偿	平抑重复建设系数的措施：（1）深入挖掘当地的资源和环境优势；（2）政府行政强调长远利益；（3）加强财政硬约束；（4）转变政府职能。提升产业替代系数的措施：（1）积极拓展新产品，开发新技术，发展新产业；（2）加强市场收益评估的研究和对经营管理的监管；（3）完善市场体制，建立风险补偿和风险评估机制，切实保护知识产权，维护创新者利益
高新技术产业	资源条件、区位条件差距不大，但对高新技术产业选择和发展影响小	（1）资金、技术和产业转移来自中国香港、中国台湾和日本及欧美；（2）产品具备市场潜力，同时风险也很大	政府只重眼前利益，对高新技术产业的定位和选择有市场投机的成分，风险大	（1）财政约束软化，盲目投资，没有成本和风险意识；（2）市场体制和利益评估机制不健全，风险难以回避	

（4）转变政府职能，地方政府从具体产业投资和经营管理领域退出等。

提升产业替代系数的措施包括：

（1）加强市场研究，积极拓展新产品，开发新技术，发展新产业；

（2）加强市场收益评估的研究和对经营管理的监管；

（3）完善市场体制，建立风险补偿和评估机制，切实保护知识产权，维护创新者利益等。

2. 环境污染的博弈分析

地区本位的城市竞争常常导致"囚徒困境"。假设各个城市在选择超额发展还是限制发展污染产业时，主要从自身（短期）经济利益考量。如果对方采取限制污染性产业的策略，自身采取超额发展污染性产业增加了相应的税收和就业，提高了收益，而生态环境的退化则由区域集体承受，因此是占优策略；如果其他竞争城市采取超额发展污染性产业，自身也采取超额发展污染性产业至少可以取得相应的经济收益，而限制发展污染产业则既要分担对方污染环境的成本，也得不到任何经济利益，很明显占优策略仍然是超额发展。因此，战略组合（超额，超额）将成为博弈的唯一纳什均衡解。

广东省珠海市在经过多年的环境建设并获得人居环境奖后，近年来居然产生降低企业环保准入门槛的想法，不打算继续排斥污染企业进驻。受广州、佛山的大气污染和中山的水污染影响，作为受害方，珠海得不到补偿，却要分担后果，换言之，GDP 让别的城市得了，自身却要承受一部分污染，由此推出一个结论，"与其让别人污染，不如自己污染，至少能有 GDP 的增加"（杨保军，2004b）。

在此类（"囚徒困境"式的）博弈模型中，彼此协作的策略组合，即环境保护博弈中（限制，限制）的策略组合才是集体帕累托最优的选择，其集体收益大于（超额，限制）或（限制，超额）的组合，而纳什均衡解（超额，超额）是集体收益最差的策略组合，也是我们最不愿意看到的情景。从非合作博弈论的角度，走出这一"困境"有两种不同的思路。

首先，如果维持静态博弈的限制条件，走出困境只能依靠外部力量对参与者支付的干预。外部干预措施的原则是使限制污染性产业发展的收益不受对方策略影响地大于超额发展污染性产业，即称为绝对占优策略。干预的措施包括奖励和惩罚。奖励即对遵守生态环境保护，限制污染性产业发展的城市给予一定额度的经济奖赏，提高限制污染性产业的收益，使其大于超额的收益；惩罚即对不遵守区域生态环境保护条例，突破污染限额发展污染性产业的城市，借助行政手段予以经济处罚，或课以高额污染税，降低超额发展污染性产业的期望收益，使其小于限制的收益。当然也可以考虑两种手段并用，调节原则不变。

有一点需要强调，任何外部调控措施，包括行政手段和经济政策都必须遵守公平性原则，不可能依某种次序从局部逐步拓展到整体。从博弈论模型的角度理解，即必须满足博弈规则的一致性原则。也容易证明，城市竞争策略选择的对称性，使得不存在博弈规则能够使（超额，限制）或（限制，超额）的策略组合成为稳定的纳什均衡。这支持了这样的观点：几乎所有研究区域环境污染的专家都异口同声地强调珠三角所有城市，甚至更大区域范围，比如泛珠三角、珠江流域等必须联合治理、集体行动才能达到生态环境保护和治理的目的，任何局部调控不可能产生效果。

其次，如果能够将静态博弈模型转变为无限次博弈的动态模型，情况将大为不同。本书第三章关于城市竞争动态博弈的分析已经揭示出，"冷酷战略"和"针锋相对"战略可以使帕累托最优的行动组合，即共同限制污染性产业发展的策略组合成为博弈的纳什均衡自动实施。

事实上，真正着眼于城市长远利益的策略选择不可能是竞相发展污染性产业，这与可持续发展的目标相抵触。环境严重污染了，将威胁到人类的生存，当生存成为问题，再大的经济利益也变得无意义。基于这一认识，任何短期的、投机的竞争行为，包括超额发展污染性产业都显得微不足道。对珠三角区域可持续发展及其所要求的健康的生态环境的关注，将激励无限次动态博弈的参与者积极建立合作声誉，惩罚任何机会主义行为，并维护共同的博弈规则。

普遍认为，目前我国各级政府官员的政绩考核指标存在缺陷，其直接后果之一就是政府行政中的短期行为，消解了政府主导的城市竞争中重复博弈的可能性（杨保军，2004b）。当前，对政府官员的考核指标有两大缺陷，一是过分突出经济指标，忽视社会、文化、资源、环境等其他指标；二是过分突出短期成绩，忽视长效业绩和持续发展潜力培育。据有关文献的分析，正在研究出台的政府绩效评估指标体系将针对过去考核指标失衡的问题，力争将长期绩效考核指标设计得更合理一些（桑助来、张平平，2004）。果真如此，则可望打破地方政府之间一次性博弈的困局，将其由静态博弈转变为无限次动态博弈的类型。借助适当的博弈规则，"自下而上"地保护环境，限制污染性产业发展，将可以实现区域的共同协调发展。

三、区域协作的制度创新

我国自 1980 年代开始重视城市密集地区协调发展的问题。总结来看，协调发展的益处包括：①消除贸易壁垒，有利于加快要素自由流通，降低运行成本，以及资源在更大地域空间的有效配置；②市场一体化有利于各城市获得更大的规模经济，提高生产率；③市场一体化内部的竞争有利于企业加强经营管理、开发利用新技术、降低生产成本；④在研发和生产方面的协作有利于加强学习交流，提高创新的概率和成功率；⑤城市协作整合为更具竞争力的经济实体，有利于采取协调一致的行动加强对外经贸合作，更快、更深入地融入国际市场；⑥增强文化认同和归属感，有利于凝聚社会合力，降低交易成本和违约风险；⑦整合资源优势、环境优势，有效地降低了国际资本在全球范围内配置资源的搜寻成本，有利于提升本地区对外资的吸引力；⑧协调发展能使区域在经济与社会、环境之间取得平衡，维持地区的持续竞争力和魅力（参考杨保军，2004a）。区域不协调发展的弊端包括：①排斥分工与协作，不利于规模经济形成，导致生产率低下；②阻碍经济要素自由流动，使资源得不到最佳配置，影响效率；③资源化整为零，培养不了合作氛围，难以形成区域创新环境，影响区域竞争力，最终影响城市自身的发展；④容易累积社会矛盾和环境问题，导致区域生态环境恶化和生活质量下降；⑤在全球竞争中，城市各自为战，难以整合区域范围的资源和环境优势，对外资的吸引力下降，引致生产要素流向其他区域，可能导致自身的衰退（参考杨保军，2004b）。

关于城市协作和区域协调发展的道理并不复杂，然而在实践中却并不顺利，有时甚至举步维艰。世界范围内，区域规划和建立区域性的管理组织机构或组织是推动城市协作的主要手段。以我国的例子来看，1980年代中期，长江三角洲曾尝试过建立"上海经济区"，由国务院授权成立集权管理的区域性政府机构，即"上海经济区规划办公室"（《关于成立上海经济区和山西能源基地规划办公室的通知》，1982），旨在"通过中心城市……把条条块块协调起来，形成合理的经济区域和经济网络"。规划办公室的职能包括"从规划做起……打破部门和地区的框框，促进地区的联合、企业的联合，真正按经济规律办事。统一规划，分别列入地方计划和部门计划，以便同国家计划更好地衔接。"但是，该规划办公室成立后效果不佳，不久即被撤销，跨行政区集中管治的首次尝试也宣告失败。其原因包括在计划经济体制影响下，企望用行政推动型方式来构建跨行政区域的都市圈，以消除区域壁垒，实现合理的区域分工，违背了市场经济运作的基本准则，不切实际（石忆邵、章仁彪，2001）。

区域规划方面，1995年由广东省委、广东省政府领导，广东省建委主持完成的《珠江三角洲经济区城市群规划》具有代表性。该规划以整体协调和可持续发展为两条基本思路。主要内容可以概括为：一个整体——形成分工协作、共同发展的经济区城市群；一个核心——以广州为经济区的核心；两条发展主轴——广州至深圳发展轴和广州至珠海发展轴；三大都市区——中部都市区、东岸都市区和西岸都市区；四种用地发展模式——都会区、市镇密集区、开敞区和生态敏感区（表6-4）（广东省建设委员会等，1996）。该规划在当时处于国内领先水平，受到普遍好评，认为它"整体考虑，突出重点，协调为主，贯穿可持续发展，开拓创新，富有新意，重视可操作性"。在付诸实践中也取得一定的成果，包括：①提出了以都市区为单元的发展构想，推动了都市区内各城市在生态环境保护、产业布局和基础设施建设方面的相互协调；②确立并划分了四种用地模式，在理论和观念上具有引导和示范作用；③对引导和协调区域性大型基础设施布局起到一定的作用；④为省政府审批珠三角各城市的总体规划和总体规划修编提供了更高层级的指引和空间布局方面的依据。但是，今天回头来看，珠三角目前的发展状态还是与该规划的初衷有较大的偏离，突出表现在两个方面。一方面，协调原则未能在城市竞争层面有效落实。许多城市整体观念不强，各自为战、盲目竞争的行为比较普遍，区域分工协作的局面迟迟难以形成，城市之间产业结构趋同、大打价格战的现象普遍。另一方面，由于缺乏必要的保障措施，原规划中设想通过四种用地模式进行空间管制的做法失效。调查研究表明，当前珠三角的环境状况是局部改善、整体恶化了，对于大多数城市来讲，只要有项目来，尤其是大项目，所谓的开敞区、生态敏感区一般都不成为障碍（杨保军，2004b）。

再如，2002年吴良镛教授主持完成了《京津冀地区城乡空间发展规划研究》，历时两年，动员了十几个单位、几百位专家直接参与，采用了多学科、跨部门、大协作的研究方法，其工作具有创新性、实践性和理论性，其成果具有很高的学术价值，达到国际先进水平（吴良镛等，2002）。然而实践中仍有城市对此响应不够积极，好的建议和对策未能被很好地采纳和付诸实施。

四种用地发展模式的内涵、特征和总体发展策略

表6-4

	基本内涵	特征	总体发展策略
都会区	已经形成或将要形成的规模大、聚集度高、中心地位和作用突出的市区化区域。如广州、深圳、珠海等市的中心城区	是一个空间的概念，而不是行政范围，它可能是一个城市，也可能是若干个毗邻城市的组合。 城市设施和功能基本完善。 其范围内集聚度高，有组团间的隔离带，不存在明显的分离开敞地。 具有区域性中心或更高地位	都会区是城市群中的核心城市或区域性中心城市，主要承担金融中心、贸易中心、科技中心、信息中心和综合交通枢纽的功能，着重发展高新技术产业和大型基础工业。 在城市建设中着重完善城市功能，提高城市质量。 重整旧城区
市镇密集区	中心城镇在一定地域内集聚、组合，市镇密度较大的地区。如从深圳的新安至东莞长安、虎门，并指向广州的市镇密集带	紧邻都会区。市镇密度高，市镇之间有明显的分离地带，但距离较近。 区内的土地利用功能以城市为主导，农业用地仍占较大比重。 通常是沿海沿江、沿交通干线组式延伸，与经济走廊相吻合。 管理区一级也具有一定的工业基础	合理诱导工业在此地区适当集聚，承担工业中心及相应的各种城市功能。 控制城镇群沿交通干线盲目蔓延。确保农田保护区。 开发强度：城镇建设用地占该区总用地的25%以下
开敞区	以农田为主的包括镇、村、农田、水网丘陵等用地的地区，其中也包括部分适中规模的新城聚居地，区内居民点密度较小。是经济区的农业发展基地。如环广州中心城区的低密度发展区域	地貌以自然环境、绿色植被和自然村落为主。低密度的开发区域。 市镇分布的密度低，市镇之间有明显的农业地带。 区内的土地利用功能以农业为主导。管理区一级的工业规模较小。 大部分是交通设施建设相对薄弱的地区	开敞区是经济区主要的农业产地，适当控制第二产业的集聚规模，限制村办工业。 限定管理区一级的非农产业的发展规模，市镇适当集聚。 承担农业基地的功能。承担都市居民户外游憩活动的功能。 开发强度：村镇建设用地占该区总用地的8%以下
生态敏感区	对三角洲总体生态环境起决定性作用的大型生态要素和生态实体，其保护好坏决定了珠江三角洲生态环境质量的高低。国家级自然保护区、森林山体、水源地、大型水库、海岸带以及自然景观旅游区等。如广州流溪河、白云山、深圳大鹏湾、中山五桂山	对较大的区域具有生态保护意义。 一旦受到人为破坏，将很难有效恢复。 也可能是规划用来阻隔城市无序蔓延，防止城市居住环境恶化的大片农田、果园、鱼塘、山丘保护区	生态敏感区是区域环境质量的重要保证。严格控制此区域的开发强度，防止城镇建设对此区域土地的蚕食。 开发建设用地占总用地的1%～2%。严格控制建设项目的进入

来源：房庆方、杨细平、蔡瀛，1997：9-10.

从上海经济区规划办公室的成立与撤销，到珠三角经济区城市群规划，一个得到交口称赞的区域规划却在区域协调发展的实践中作用十分有限，再到京津冀地区城乡空间发展规划得不到参与城市的普遍拥戴，种种现象都促使我们思考区域协作在现实中遭遇困惑的深层原因。

首先，关于城市协作的制度安排。尽管学者在这方面开展了大量的研究，但在实践中，国内主要的城市密集区始终没有找到并建立一种符合国情的制度形式为城市协作提供一种结构和保障，已经进行的尝试，如上海经济区规划办公室这种单一集权的管理组织模式并不适应当前转型期社会形势的需要，其他形式的管理组织模式始终没有接受实践的检验。这方面还有很长的路要走。

其次，关于城市协作的利益分配机制。国内的探索实践普遍存在忽视利益机制的倾向。以往的区域规划只注重空间、产业、生态环境和设施的协调，大多是提出一个"整体利益"，倡导个体（城市）利益服从整体（区域）利益，而这个整体利益却不明朗。这种情形下，城市政府作为地方利益的代表无法对合作利益进行评估和预判，在地区本位的城市竞争中，自然也缺乏相互合作的动机。

历史中区域主义及合作博弈论的研究揭示出制定适合的协作制度安排，采取科学、合理的利益分配机制是维持城市区域"动态联盟"稳定性的关键，也是城市区域协调发展共生秩序的关键。

建立有效的区域性管理机构和组织制度对区域协调发展至关重要。珠江三角洲城市群是我国最主要的城市区域之一。从行政区划看，珠江三角洲包括 2 个副省级市、7 个地级市、6 个县级市、1 个县和 32 个市辖区（表 6-5）。从城市化水平和城市体系看，珠江三角洲的城市化水平较高，城镇经济实力强，城镇基础设施发展很快，居全国前列。全区除港澳之外，拥有两个特大城市（广州、深圳），12 个中等城市（25 万 ~50 万人）和 11 个小城市（25 万人以下）以及 300 多个建制镇，形成一个完整的城市体系网络系统。在这一系统中，广州、深圳是最高级别的区域经济中心城市，珠海、东莞、佛山、中山是次一级的经济中心城市。目前，该区域已经形成了以广州、深圳与珠海为核心的三大都市区作为珠三角的三个增长中心，以广（州）—深（圳）—（香）港，广（州）—珠（海）—澳（门）以及其他多条纵向、横向联系干道为发展轴的空间格局。

珠三角行政区划（截至 2015 年 6 月）　　　　　　　　　　表 6-5

市	区（市、县）	小计
广州市	荔湾区、越秀区、海珠区、天河区、白云区、黄埔区、番禺区、南沙区、从化区、花都区、增城区	11 区
深圳市	罗湖区、福田区、南山区、宝安区、龙岗区、盐田区	6 区
珠海市	香洲区、斗门区、金湾区	3 区
佛山市	禅城区、顺德区、南海区、三水区、高明区	5 区
江门市	蓬江区、江海区、台山市、新会区、开平市、鹤山市、恩平市	3 区 4 市
惠州市	惠城区、惠阳区、博罗县	2 区 1 县
肇庆市	端州区、鼎湖区、高要市、四会市	2 区 2 市
东莞市		
中山市		
共 9 个地级市（其中 2 个副省级市），32 个市辖区，6 个县级市，1 个县		

珠江三角洲的行政管理体制十分复杂，可以分为 5 种类型：①副省级区域中心城市，即广州和深圳，广州实行市辖区、市管市体制，共辖 11 个区，深圳实行市辖区体制，下属 6 个区；②特区城市珠海辖 3 个区；③实行市管市和市辖区的地级市，即佛山和江门，分别辖 5 区和 3 区 4 市；④由地区行署和县级市合并设置的地级市，即惠州和肇庆，属于珠江三角洲经济区的分别有 2 区 1 县和 2 区 2 市；⑤由县级市升格，不辖市（县、区）的地级市，有中山、东莞 2 市。

　　珠三角地区的行政管理体制是历史以来逐步演化形成的，现行的管理体制在行政区划法规框架下有其必然性、合理性，但对照全球化时期城市区域协调发展的要求，某些方面还存在不足，阻碍了城市之间的协作，成为区域协调发展的制约因素。主要的弊端包括：

　　（1）行政管理层级多、模式多，不利于整体规范管理。珠江三角洲 9 个地级市有 5 种不同的行政区划模式。

　　（2）行政区划调整过程中，"城区"、"市区"和"市域"的概念区别不清，不利于严格控制城市建设用地，助长了土地开发热。珠三角曾经过了"县改市"和"市改区"的两轮行政区划调整，过程中将大量农业用地或非城市建成区纳入城市市区，模糊了城市建设用地的概念和界限，相关城市纷纷扩大城市规划的人口和用地规模，导致土地开发的宏观失控和土地浪费现象。

　　（3）"县改市"的行政区划调整一度使中心城市的宏观调控能力下降，"市改区"则加强了中心城市的协调和控制能力，但以地级市为单位的区域之间依然缺乏必要的协调机构和组织制度。彼此的竞争以对抗和冲突为主，地方性基础设施建设领域相互攀比、贪大求全的现象普遍，为制订和实施珠三角统一的区域规划设置了障碍。

　　（4）单一垂直等级制的行政管理模式，一方面是上下级政府在地方事务中的职能重复，另一方面是同级政府在区域性事务中的职能缺位。其结果，一方面导致同级行政辖区之间以行政界限为壑的地区本位城市竞争，另一方面也导致区域性基础设施不足和区域性公共服务匮乏。

　　珠三角管理组织的制度创新应当遵循：整体优先、减少层级、方便管理、因地制宜等原则。创新的主要依据包括：针对性地解决当前管理组织体制的弊端，遵守我国有关的行政区划法规，借鉴国外的先进经验和先进理论以及与珠三角经济区发展的大政方针和区域规划保持一致，服务于城市区域协调发展、可持续发展的总体目标。

　　借鉴国外双层制体制，建议建立由"市（地级）政府/下属基层政府（区、县级市或镇）"以及"城市区域准政府/市（地级）政府"两个双层制叠合而成的三层制管理组织体制较为合适。

　　1. 市政府/基层政府双层制

　　改革传统市（地级）政府与基层政府之间的垂直隶属关系，借鉴国外都市区双层制体制，实现两级政府之间的分权管理。继续深入探索各级地方政府职能改革，淡化政府的经济管理职能，逐步减少对具体经济活动的干预，将相关职能上收到城市区域、省乃至国家层级，以利于在更广大的地理空间形成市场一体化的管理模式；将市（地级）政府职能逐步转向市域范围内的交通、水利、土地等条条性的管理，这些方面的具体实施机构可以下放到基层政府（依珠三角的实情，可能是区、县级市，也可能是镇），同时，将下属政府组织改造成专门负责日常社会服务提供和管理的下层政府，共同构建以地级市为单元的双层制管理体制。

双层制中的上层政府与下层政府并不是行政隶属的等级关系，而是一种分权（包括事权和财权）基础上，相互配合、相互协调的协作关系。其中，上层政府负责提供市域范围的基础设施和提供区域性的服务职能，如区域供水、排水、垃圾处理、公路交通等基础设施的协调建设，环境保护、农业发展、空间开发管理、编制战略规划以及监督其实施等；下层政府则更加强调辖区的生活服务色彩，具体职能包括：提供教育、住房、城市卫生、社会福利、城市建设设施以及"条条"性管理在辖区的具体实施。上、下层政府的财政来源分别对应于其职能划分的不同领域。这种制度创新，一方面使传统的市（地级）政府摆脱了为中心城区牟利的包袱和嫌疑，集中力量在区域性公共服务提供、基础设施统建共享以及协调下级行政单元之间的协调问题上，提高了协调的效率和公共服务及区域性基础设施的效益；另一方面也使地方政府专职于辖区内部的社会服务职能，与区域性事务的剥离大大减少了彼此竞争中相互冲突的可能。值得注意的是，珠三角存在多种类型的地级市下属政府，原有的行政级别、管理的职能和权限也有较大差别，在制度创新的过程中，关于如何确定上下层政府的职能范围和职权大小，还需要结合实例进行大量的研究和论证。

2. 区域准政府／市（地级）政府双层制

目前，珠三角区域中这一层面的协调和协作最为缺乏，地级市之间出现的过度竞争、利益冲突和各种矛盾也最为集中和典型。解决这一层级的协调和协作问题是珠三角城市区域协调发展的关键。针对珠三角地区已经存在相对稳定的"省—地—县、市、区—镇"4个等级，在省和地级市之间再独立构建具有集中管理职能的政府组织的可能性小，而采取自上而下与自下而上相结合的城市区域／市双层制管理体制的可能性大，成本也较低。根据前文关于城市协作制度安排的研究，我们建议采取城市区域"联盟"的制度安排。

首先，珠三角城市区域联盟应当是一个相当精简的管理和协调机构，可以由省政府、各地级市、学术界和工商界派驻代表共同组成。联盟的内部组织，我们提出了一个珠三角区域联盟的组织管理制度模式（图6-5），由决策研讨厅、专家研讨厅和公众研讨厅组成。其中，决策研讨厅由来自不同城市、不同领域、不同利益集团的代表共同组成"城市区域联盟决策委员会"，行使民主决策职能；专家研讨厅由来自不同专业、不同研究领域的学者和代表组成，内部还可以成立多种形式灵活、目标单一的委员会，既可以是常设的，也可以只是短期针对某一突发事件的，既可以是全体城市（地级市）共同参与的，也可以是局部城市（如以都市区为单位的次级委员会，广州、佛山都市区，中山、珠海、江门都市区以及东莞、惠州、深圳都市区等），专家研讨厅主要行使专家集成研究、提交咨询报告、制定发展规划等职能；公众研讨厅则主要行使公众参与与评议的职能。三个研讨厅之间保持适时的信息交换，并形成动态循环的研究、决策和调控体系。

其次，珠三角区域联盟不仅是区域协调发展的咨询、规划和决策机构，也应该是一个拥有一定实权的执行机构。相对于地级市的上层政府，它致力于解决更大范围的协调和协作、区域性基础设施的统建共享以及涉及整体城市区域的公共服务提供等问题。它不是一层综合性职能的政府组织，但结合中国的国情，至少应是一种拥有一定行政干预权的准政府协调机构，享有对区域性环境保护与治理、重大基础设施建设的倡议权、审批权，同时，还应具有一定的国家、省级转移支付的资金分配权和金融贷款的咨询、建议能力，使其有能力通过对投资的引导来调控城市区域的整体协调发展。

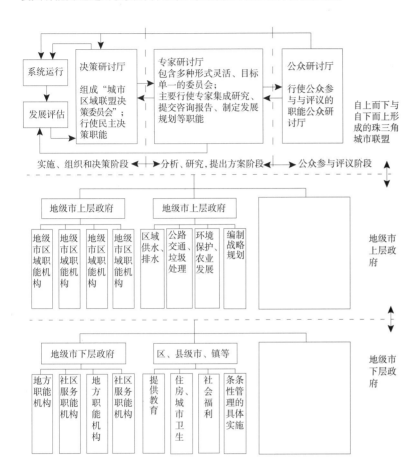

图6-5 珠三角城市区域协调发展三层制管理组织的制度安排

第七章　增长管理：面向空间管制的规划

1990 年代以来，伴随经济全球化，世界范围内在城镇密集分布地区掀起了新一轮的区域合作热潮。区域规划被当作管理区域合作运动以及经济、地理空间重组、重构的重要的政策工具（Scott，2001），受到空前的重视。

西方国家中，新时期的区域规划针对"空间尺度正从区域科学里消失"（Lefebvre H.，1974）的现象，呼吁重新重视"空间特性"而不是抽象的"经济功能"（Friedmann J.、Weaver C.，1979）；不同于 20 世纪初建筑学传统的空间规划，新的实践强调有限目标、针对问题；与不同层级物质规划界限清晰、相互补位，更多是弹性和动态的"引导"，而不是传统蓝图式的"布局"和"控制"（Stephen M. Wheel，2002）。

自 1990 年代，国内也开始全面探索区域规划，并开展了一系列的实践，积累了丰富的经验，也遇到一些瓶颈和问题。本章延续上文关于区域协作的讨论，尝试针对区域规划如何改进实施效果提出建议。

一、区域规划的实践

1990 年代，在国内主要的城市区域，普遍开始了关于区域规划的研究和探索。通过总结，普遍认同我国正出现一种新型规划，并非各单体城市规划的简单"汇总"（官卫华，2002），需要改变传统规划的观念和做法，突出地域整体性，从整体着手（周干峙，1997）。区域规划应跨越行政界限，内容包括经济一体化、基础设施建设以及生态规划（宁越敏，1998）。为了应对当前全球化日趋激烈的竞争，"沿海城市密集地区需要率先从全球的高度，以区域的观念，打破诸侯规划，因地制宜地推进区域协调，同时因势利导加强城市和区域规划"（吴良镛，2003）。

1990 年代开始，我国在主要的"城市区域"进行了不少规划实践，以珠江三角洲为例（图 7-1）。1994 年率先开展了《珠江三角洲经济区与城市群规划研究》，首次提出"都会区、市镇密集区、开敞区和生态敏感区四种空间类型，分类管理"。

2003 年，建设部与广东省政府联合开展了《珠江三角洲城市群规划》，以"实现城市建设与经济发展和人口、资源、环境相协调，形成完善的城镇体系，使大中小城市和小城镇协调发展"为目标，明确了每个城市的功能定位；对土地资源、水资源等生产要素进行整合；协调城市之间的交通、信息、污水治理及文化体育设施建设。强调规划要"50年不落后"。

2008年，国家发改委主持编制了《珠江三角洲地区改革发展规划纲要（2008~2020年）》，作为"指导珠江三角洲地区当前和今后一个时期改革发展的行动纲领和编制相关专项规划的依据"。规划提出："到2020年，率先基本实现现代化……形成全球最具核心竞争力的大都市圈之一"，内容涉及现代产业体系、自主创新能力、基础设施现代化、城乡发展、区域协调发展、资源节约与环境保护、社会事业发展、体制机制以及对外开放合作。

2009年4月，中共广东省委、省政府出台《关于贯彻实施〈规划纲要〉的决定》，成立了"广东省《规划纲要》实施工作领导小组及其办公室"，同步制定了《规划纲要》实施方案。

2014年9月，广东省政府牵头开展《珠江三角洲全域规划》，将按照"全域统筹的理念和方法，在全区域的尺度上统筹安排生产、生活和生态要素"，"逐步形成各城市间分工协作、功能互补的城市群格局"。鉴于"之前珠三角已做了很多相关规划"，本轮规划的重点是"调整和修订工作"（资料来源：《珠江三角洲全域规划》官方网站：http://www.gdupi.com）。

经过多年的探索和实践，区域规划已然发展成为一项综合性、全局性的全要素、全域规划。保障规划实施以及协调与其他层级空间规划的关系是关注的焦点。在最新的珠三角全域规划研讨中，有识之士指出"之前的区域规

图7-1 珠江三角洲历次区域规划

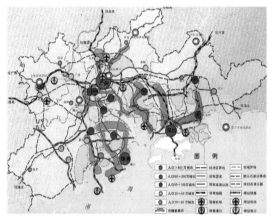

1994年《珠江三角洲经济区与城市群规划研究》

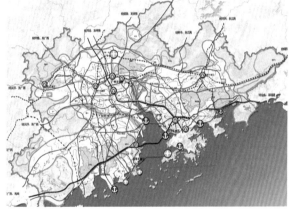

2003年《珠江三角洲城市群规划》

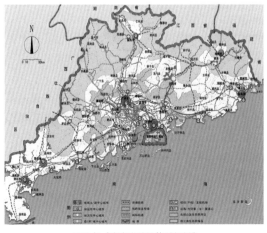

2012年《广东省城镇体系规划》

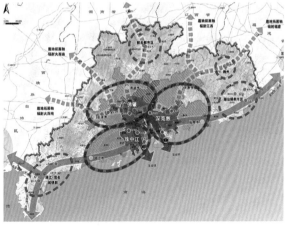

2014年《广东省新型城镇化规划》

划提出了用地模式，划了生态敏感区等分区，但没有落实到法律法规层面，难以管理，本次规划则要做到能够管理"，当前急需理清楚"跟（城市）总体规划的关系是怎么样的"（资料来源：《珠江三角洲全域规划》官方网站：http://www.gdupi.com）。

大而全的区域规划尴尬之处在于缺乏明确的法律依据，没有直接的实施手段。讨论区域规划的实施问题就涉及空间管制的内容、方式与方法。

二、空间管制的探索

"管制"：管理、制约，管束，强制性地管理（《现代汉语词典》）。

"空间管制"容易使人联想起计划经济时代自上而下的管理，但两者是根本不同的。"空间管制"源于市场经济发达的制度环境中。市场不是万能的，在城镇化地区，空间开发具有显著的外部性，不恰当的开发会严重浪费资源，损耗整个社会的经济效率和社会效益。为了管理这种外部性，空间规划成为必然，开发管制是其核心。

严格地讲，各类空间规划都是在一定空间尺度上，针对不同范围的空间对象，强制性或引导性地规定其使用要求。使用要求可以是功能、性质、强度，也可以是具体的开发内容、配套设施建设要求，甚至是建筑造型、色彩乃至艺术性的要求等。界定空间对象的关键要素是"边界"；在公共管理领域，使用要求可以概括为"空间政策"。"边界"加"空间政策"构成了"空间管制"的主体。

区域规划也不例外。面向实施的区域规划首先应当是可以有效、高效"空间管制"的空间规划。"边界"加"空间政策"是其核心。"边界"的准确、科学，"空间政策"的清晰、明了是关键。

2012年开始，广州市率先开展了协调国民经济与社会发展规划、城乡规划、土地利用规划的工作，也叫做"三规合一"。厦门、深圳、武汉，以及广东省、海南省、贵州省相继组织开展了相关工作。"三规合一"工作并不取代任何规划，也没有尝试在三个规划之上重新编制大而全的综合规划。"三规合一"工作重在协调。在底线思维下，"三规合一"的关键是把控城乡空间核心内容，建立控制底线，形成三个部门都认同的"边界"（潘安、吴超、朱江，2014）。这方面可以给区域规划带来启示。

"三规合一"的控制线（图7-2）包括：

·生态底线。为了维护生态安全，明确保护和发展的空间，防止城乡建设无序蔓延，改善生态与人居环境，在尊重城乡自然生态系统和合理环境承载力的前提下，按生态要素分类划定生态用地保护边界。

·开发边界。为了有效管理与控制城市增长，保障重点功能区、重点建设项目及民生建设项目用地，有效引导城市空间发展，划定城市空间拓展的外部范围边界。

·基本农田控制线。为最大限度地保护耕地，保障粮食安全，在生态控制线内，结合土地利用总体规划调整完善和永久基本农田划定工作，划定基本农田保护区的边界。

·产业区控制线。细化建设用地功能，区分生产和生活空间，在建设用地范围内，由"工业园区—连片城镇工业用地"形成产业用地集中区的围合线，作为引导工业项目集聚发展的控制边界。

可操作性强、实施效果好的"控制线"在于边界的准确、科学，更在于管制要求的清晰、明了。借鉴"负面名单"的做法，面向管理，明确列出禁止开发的项目类别。"三规合一"控制线在画线的同时，明确了空间管控的要求（表7-1）。

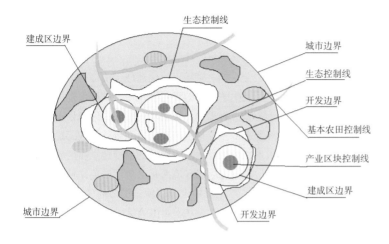

图 7-2 "三规合一"控制线

"三规合一"控制线的管控要求 　　　　　　　　　　　　　　　　　　表 7-1

控制线体系	管制规则
建设用地规模控制线	允许建设，建设内容必须符合土地利用总体规划、控制性详细规划的控制要求。建设项目选址于线内，由各部门按优化后的行政审批流程审批
开发边界控制线	城乡空间扩展区域，各类城乡建设须在线内选址，满足一定条件时方可进行建设。城市控制性详细规划编制应在建设用地增长边界范围内进行。建设项目选址于线内，且符合土地利用总体规划有条件建设区使用规定的，按照相关规定修改土地利用总体规划后，由各部门按优化后的行政审批流程审批
产业区块控制线	新增工业制造及仓储项目必须入驻产业区块控制线内集聚发展。控制线内优先安排战略新兴产业、高新技术产业等符合国家产业政策和产业发展趋势的先进制造类项目及其配套设施。鼓励控制线内的现状已建工业用地产业项目升级改造。非工业类产业项目，如符合产业区块的产业定位，视同符合产业区块控制线管控要求，可在产业区块控制线内进行选址建设
生态控制线	除符合建设选址条件的重大道路交通、市政公用、公园和旅游设施及特殊项目，禁止在基本生态控制线范围内进行建设。线内已建合法建筑物、构筑物，不得擅自改建和扩建，范围内的原农村居民点应依据有关规划制定搬迁方案，逐步实施
基本农田控制线	线内禁止进行破坏基本农田的活动，不得擅自改变基本农田用途或者占用基本农田进行非农建设。按照《基本农田保护条例》进行管控

三、划定区域控制线

目前，国内"三规合一"、"多规合一"的探索还局限在城市、城镇层面❶，但笔者认为既有可能，也十分必要将探索引入"城市区域"的层面，至

---

❶ 　2014年3月出台的国家《新型城镇化规划》中明确要求："探索推动经济社会发展规划、城市规划、土地利用规划等'多规合一'"。在此之前，2013年12月举行的中央城镇化工作会议明确提出"在县、市通过探索经济社会发展、城乡、土地利用规划的'三规合一'或'多规合一'，形成一个县市一本规划、一张蓝图，持之以恒加以落实"。2014年8月，国家发改委、国土资源部、环保部、住建部等四部委联合发布《关于开展市县"多规合一"试点工作的通知》。

少有以下四个方面的重要原因。

1. "城市区域"是城镇密集分布，彼此紧密联系的区域

伴随区域一体化的发展，城市之间空间相向拓展，很多情况下已经连为一体，各自的空间规划编制与管理难以避免相互影响。各种矛盾和冲突林林总总，常见的包括产业功能冲突、土地性质冲突、环境保护冲突、设施布局冲突等，但都可以归结为"边界"不协调，"空间政策"不衔接。这些问题虽然与"三规合一"的空间层次不同，但性质是一样的，有必要通过控制线加强协调（图7-3）。

2. 区域的生态保护与破坏具有明显的外部性❶

生态的外部性有正、负之分，如上游城市绿化造林、治理污染，下游城市将得到更清洁的水资源，这是生态保护的正外部性；上游城市排污伐林造成水土流失、水质污染，下游城市将承受污染水体的后果，这是生态破坏的负外部性。与生态有关的外部性，主要是生产和消费的负外部性。个别城市在经济活动中不顾及环境成本，将自身对经济利益的追求建立在区域分担的基础上，会导致低效率的资源配置和生态环境恶化。为了避免这种局面，有必要在区域层面确保生态底线，严格保护生态环境。类似的还有耕地保护，确保粮食安全，需要在区域层面统筹永久基本农田的保护控制线。

实际上，在更大范围划定生态保护红线的工作已经开展了。2013年9月23日江苏省正式印发了《江苏省生态红线区域保护规划》，其中共划定15类生态红线区域，总面积24103.49km²。其中，陆域生态红线区域总面积22839.58 km²，占全省面积的22.23%；海域生态红线区域面积1263.91 km²（图7-4）。

图7-3 珠江三角洲城市总体规划拼合：土地利用的规划已连绵在一起（左）
（资料来源：《珠江三角洲全域规划研究报告》）
图7-4 江苏省生态红线规划（右）

---

❶ 外部性是一个经济学的概念，它是指私人成本或收益与社会成本或收益的不一致，从而导致资源不能得到有效配置。外部性理论是在20世纪初由福利经济学代表人物庇古提出，后经新古典经济学代表人物马歇尔发展而形成。外部性也称作溢出效应、外部影响、外部效应，在实际经济活动中，生产者或消费者的活动对其他生产者或消费者带来的非市场性的影响，即对他人产生有利的或不利的影响，但不需要他人对此支付报酬或进行补偿的活动。依据作用效果进行分类，分为正外部性和负外部性。正的外部性也称作外部经济，指的是个体的经济活动或行为给其他社会成员带来好处，但他自己却不能得到相应的补偿。负的外部性也称外部不经济，指的是个体的经济活动或行为使其他社会成员受损，但他自己却没有承担相应的成本（资料来源：中国论文网，原文地址：http://www.xzbu.com/2/view-6062027.htm）。

3. 控制城市蔓延、实现精明增长、统筹划定"开发边界"十分必要

据报道，目前全国 12 个省份建设用地总量已接近国务院批准《全国土地利用总体规划纲要》确定的 2020 年规划控制目标数。这一现象在北上广深等大城市格外突出。近期开始依法披露的省级土地二调结果显示，北京、上海、天津三大直辖市距突破 2020 年耕地保护指标已是"咫尺之遥"。相比 1996 年第一次土地调查结果，北京市耕地净减 11.67 万 hm^2，年均减少 8980.9hm^2；离北京市 2020 年耕地保有量指标 21.47 万 hm^2，仅有约 1.24 万 $hm^2$❶。为了控制城市蔓延，严格保护优质耕地，2014 年 7 月住建部和国土部共同确定了全国 14 个城市开展划定城市开发边界试点工作。首批试点城市包括北京、沈阳、上海、南京、苏州、杭州、厦门、郑州、武汉、广州、深圳、成都、西安以及贵阳。

划定开发边界首先要评价区域的资源环境承载力。在"城市区域"中，城镇密集分布，不受控制的土地开发、城市蔓延将对区域整体的环境造成影响。与区域生态保护一样，开发边界的划定也具有显著的外部性，需要在区域层面统筹协调。

4. 伴随交通技术革命和交通设施快速建设，交通效率极大提高，将城市区域在时空成本上"缩小"到人的日常活动范围，"以人为本"要求统筹考虑区域的生活、生产、生态功能布局

"交通是城市形成的力"是德国人文地理学家 F·拉采尔在 120 多年前发表的著名论断，强调了交通运输对于城市的形成与发展有着极其重要的意义（图 7-5）。

有研究从交通可达性的角度总结了城市的发展历程：城市的范围总是基本上同一定的速度在 1h 内所到达的距离相近似（刘芳，2008）。1970 年，亚当斯（J.S.Adams）归纳总结了北美城市交通系统与城市发展模式特征，认为两者关系发展经历了 4 个阶段：步行马车时代（1800~1890 年），电车时代（1890~1920 年），汽车时代（1920~1945 年）和高速公路时代（1945 年至今）。

在前工业时代，城市交通以步行为主，速度大约为 4~5km/h，当时的城市空间布局紧凑，直径一般不超过 4km，也就是在步行 1h 所能达到的距离内。工业时代早期有轨电车的使用，使得城市以星状方式扩展。城市交通围绕市中心呈辐射状向外延伸，1h 到达的距离大约为 10~20km。1950 年代以后，西方工业化国家的城市因小汽车的出现、普及，以及高速公路网络的建成使用，1h 时空圈的距离可以延伸到 40~50km，现代化的巨型城市开始出现，城市建设用地规模可以达到 5000~10000km²，人口聚集的规

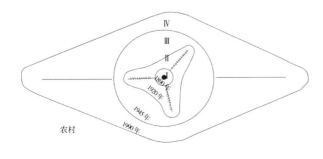

图 7-5　交通设施对城市发展的影响

❶ 财经网 http://caijing.com.cn/expert_article-151714-82839.shtml。

模开始达到数百万以上。机动车交通成为城市出行的最主要方式，城市成为车轮上的城市。

1980 年代以来，相邻城市间的大运量的轨道交通开始大规模建设，城市与城市之间开始借助现代化的交通设施融入一个 1h 时空圈，"全球城市区域"开始在更大的范围组织日常的生产、生活功能。

国内改革开放后也经历了类似的发展。1990 年代以来，伴随区域交通设施，特别是高快速路系统的联网，以及城际轨道交通的快速发展，人们的日常生活、生产、娱乐、休闲的出行时空圈迅速扩大，城市之间相互交叠（图7-6）。按照最新的珠三角轨道交通网规划，预计到 2030 年建成投入运行后，1h 的日常生活时空圈将基本覆盖整个区域范围（图 7-7）。意味着与之对应的功能必须在区域的范围内统一规划、统筹布局。

建议"城市区域"的"控制线体系"包含两级。一级控制线重点划定生态保护与城市开发建设的边界，基本农田控制线负责严格保护耕地，确保粮食安全；产业区块控制线负责引导工业发展集聚进园，建议也纳入一级控制线。二级控制线重点在允许开发建设的范围内，划定空间结构的引导控制线。

"一级控制线"包括：

- 区域生态控制线。为了维护生态安全，明确保护和发展的空间，防止城乡建设无序蔓延，改善生态与人居环境，在尊重城乡自然生态系统和合理环境承载力的前提下，按生态要素分类划定生态用地保护边界。

- 区域开发边界。为了有效管理与控制城市增长，保障重点功能区、重点建设项目及民生建设项目用地，有效引导城市空间发展，划定城市空间拓展的外部范围边界。

- 基本农田控制线。为最大限度地保护耕地，保障粮食安全，在生态控制线内，结合土地利用总体规划调整完善和永久基本农田划定工作，划定基本农田保护区的边界。

图 7-6　珠江三角洲基于高速公路的 1h 时空圈

- 产业区控制线。细化建设用地功能，区分生产和生活空间，在建设用地范围内，由"工业园区—连片城镇工业用地"形成产业用地集中区的围

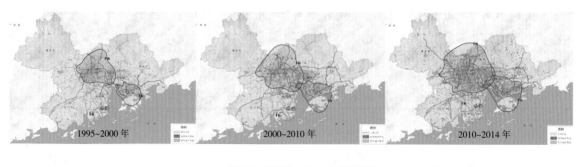

1995~2000 年　　　　　　2000~2010 年　　　　　　2010~2014 年

图 7-7　珠江三角洲基于轨道交通的 1h 时空圈

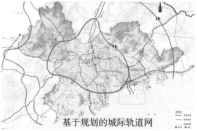

基于现状轨道　　　　　　基于规划的城际轨道网

合线，作为引导工业项目集聚发展的控制边界。

二级控制线重点解决对空间结构的引导与控制问题。我们认为重要的二级结构控制线应包括：

- 由园林、水务、规划、建设、国土等部门共同划定的"开放空间边界"，包括：公园绿地、防护绿地，水体、湿地、河涌，广场、街道、开敞空间，风廊、视廊等。
- 由交通、市政、规划、建设、国土等部门共同划定的"交通枢纽与廊道控制线"，包括：机场、港口、客货道路交通枢纽，铁路、轨道（城际、轻轨、地铁），高速路、快速路、主干道。
- 由市政、城管、规划、建设等部门共同划定的"重大市政基础设施控制线"，包括：电力设施与高压走廊，燃气、油、给水、排水廊道，基站，垃圾、环卫设施等。

"城市区域控制线"需要处理好与相关规划的衔接关系（图7-8）。

图 7-8　城市区域控制线

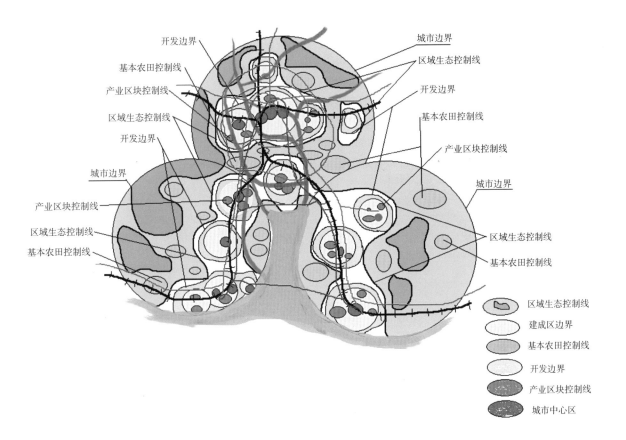

首先，应衔接好区域规划。一级控制线，包括生态控制线、永久基本农田控制线、产业区块控制线必须在区域规划中落实；二级控制线可以作为区域规划的指导，应尽量落实，确需调整的应按控制线修改程序，经专家论证，审查批准后修改。区域控制线也可以结合区域规划的编制来划定。

第二，应衔接好城市"三规合一"控制线。可以采取分级划定的方式，城市的控制线划定首先应落实区域控制线的要求，特别是确保底线的生态控制线、永久基本农田控制线不得小于区域控制线，开发边界则不得大于区域控制线。

第三，应衔接好城市空间规划。一方面，通过衔接城市"三规合一"控制线，衔接城乡规划、城市土地利用规划和城市的国民经济与社会发展规划。需要注意的是，应设计好区域、城市层面控制线动态更新的机制，划分清晰的事权，涉及区域控制线内容修改的，必须先按照区域控制线的修改程序审批同意后才能调整。另一方面，区域控制线应成为城市空间规划在上级政府审查、审批时的依据之一，违反了区域控制线的地方规划不得审查通过或批准。以此确保区域控制线与城市空间规划的衔接。

在划定区域控制线的同时，需要同步制定控制线的管理规定。建议一级控制线落实到坐标，可以表示清晰的边界，管理中可以借鉴"负面名单"的做法，面向管理，明确列出禁止开发的项目类别。二级区域控制线视具体情况可以仅作结构性的表达，不落实到具体坐标、边界，具体落地工作由城市规划规定。

立法是规范的前提。通过立法将"规则"即"三规合一"控制线的"边界"加"空间政策"固定下来，为三个规划各自的运作和管理提供了准绳，也提供了弹性的空间。

日常管理中只需增加核对控制线的环节即可从制度上保障"三规合一"。不违反控制线的情况，原则上就不涉及规划矛盾，不必每次都将三个规划的全部内容加以核对。违反了控制线的情况，意味着与其他规划相矛盾，视具体情况修改项目选址，或者依程序启动控制线修改。

控制线因其简洁、明了，实施性强，方便监管，规范动态调整，比较完整而系统的规划成果更加去专业化，更加符合立法公开、公平、公正的基本原则。

附录一：城市竞争典型问题
的博弈分析

我们尝试针对地区本位城市竞争具代表性的市场保护、产业同构以及城市的对抗与协作，运用博弈分析法，分析可能的策略组合。

一、市场保护

假设城市区域由城市 A、B 组成。在以政府为主导的城市竞争中，城市 A、B 各自有采取市场保护和市场开放的两种策略选择。

为了构建不同类型城市间的博弈模型，我们首先考虑两种情况，一种情况是城市 A、B 中的产业具有类似的经济竞争力；另一种情况是城市 A、B 中的产业具有明显不同的经济竞争力，假设 A 的经济竞争力明显强于 B。接下来还可以考虑城市 A、B 的产业结构对比有两种结果，一种结果是产业高度同构，表现为"零和博弈"；另一种结果是彼此的产业结构存在明显差别，表现为"正和博弈"。由此，在城市 A、B 之间的完全信息静态博弈共存在四种类型，即产业同构前提下竞争力相同城市之间的博弈，产业同构前提下竞争力不同的城市之间的博弈，产业异构前提下竞争力相同城市之间的博弈，以及产业异构前提下竞争力不同的城市之间的博弈（附表 1-1）。

城市在竞争中获取的支付（税收）与本地产业在市场中的获利（企业效益）正相关，假设产业可能的获利只与市场规模有关，呈线型正相关关系。

初始状态城市 A、B 的支付分别为各自产业对应本地市场的 UA 和 UB；若政府决定实行市场保护，行政和经济管理的成本都相应增加，记做保护成本 CA 和 CB；博弈过程暂不考虑产业规模经济效应对竞争支付的影响。下面分别对四种完全信息静态博弈的策略组合进行分析。

1. 产业同构前提下竞争力相同城市之间的博弈分析

竞争力相同的城市可以看做支付和成本也近似相等，记做"$UA=UB=U$；$CA=CB=C$"。产业同构的城市采取彼此开放的协调发展策略，在不考虑规模

关于市场保护的两城市完全信息静态博弈类型　　　　　　　　　附表 1-1

		产业结构对比	
	博弈类型	产业同构（市场零和博弈）	产业异构（市场正和博弈）
产业竞争力对比	竞争力相同	产业同构前提下竞争力相同城市之间的博弈	产业异构前提下竞争力相同城市之间的博弈
	竞争力不同	产业同构前提下竞争力不同的城市之间的博弈	产业异构前提下竞争力不同的城市之间的博弈

经济的前提下，总收益并不增加，仍为2U，城市A、B均分总收益，各得U；若各自采取保护政策，获得的支付均为U–C；若一方采取保护政策，另一方采取开放政策，则保护一方可能因为部分侵占开放城市的市场而获得支付为"U–C+KU"，K为市场侵占系数，开放一方则由于部分失去被侵占市场，支付有所损失，变为"U– KU"。由此得到所有可能的策略组合如下（附表1–2）。

产业同构前提下竞争力相同城市之间的完全信息静态博弈　附表1–2

	城市 B		
城市 A	策略（A，B）	保护	开放
	保护	U–C, U–C	U–C+KU, U–KU
	开放	U–KU, U–C+KU	U, U

比较城市A的支付，若"KU>C"，则"U–C>U–KU；U–C+KU>U"，可知此时保护是A的绝对占有策略；若"KU<C"，则"U–C<U–KU；U–C+KU<U"，可知此时开放是A的绝对占有策略。由于城市B的支付和策略与A完全对称，因此，当"KU>C"时，策略（保护，保护）是此博弈的纳什均衡，城市区域的总收益则为"2U–2C"，小于策略（开放，开放）的总收益2U，此时的纳什均衡并不是整体帕累托最优的策略，体现出个体理性与集体理性的矛盾；而当"KU<C"时，策略（开放，开放）成为此博弈的纳什均衡，同时也是博弈帕累托最优的策略，体现了个体理性与集体理性的统一。

模型的现实意义是：竞争力类似，经济发展水平相当，而产业结构又高度相同的城市之间，在单方面开放市场可能造成的损失大于保护本地市场的成本时，彼此保护本地市场的市场割据是竞争均衡的结果，此时由于双方均要负担额外的市场保护成本，城市区域的集体效率受损；而当单方面开放市场可能造成的损失小于保护本地市场的成本时，彼此开放市场成为竞争均衡的结果，此时整体发展的效率也达到最高。

由于地区本位主义和政府预算软约束的影响，使低估地方保护成本和高估单方面开放市场风险的现象普遍存在。地方政府对地方保护成本的付值如果超出对开放市场风险的期望，将导致地方保护，两者的差距越大，地方保护的激励就越高。

为了达到整体帕累托最优的均衡，可供选择的思路之一就是改变地方保护成本与开放市场风险的对比关系，借助第三方（上级政府）或参与人（地方政府）组合的联盟，进行行政和经济方面的调控是常见的做法。相应的调控手段包括两类：一类是加大地方保护成本，例如对实行地方保护进行惩罚；另一类是降低单方面开放市场的风险，例如通过转移支付对开放地区进行补贴，或给予优惠政策等。调控的原则是确保地方保护的综合成本大于单方面开放市场的综合风险。

2. 产业同构前提下竞争力不同城市之间的博弈分析

考虑城市A的经济竞争力大于城市B，此时"UA>UB，UA+UB=2U"。由于城市A、B的产业同构，当彼此均采取开放策略时，集体收益并不增加，仍为2U，但考虑城市A在同B的对抗性竞争中占据优势，将获得额外的收益，记做"KUB"，则A的支付为"UA+KUB"，此时B的支付为"UB–KUB"；若各自采取保护政策，则城市A的支付为"UA–CA"，城市B的支付为"UB–CB";若城市 A 采取单方面开放的政策，B 采取保护政策，由于城市 A 的竞争力强于城市 B，即使开放市场，B 地的产业也难以从 A 地争取到更多的市场份额，因此，此时城市 A 的支付为 UA，城市 B 的支付则为"UB–CB";若城市 B 采取单方面开放政策，A 采取保护政策，则城市 A、B 的支付将分别为"UA+KUB–CA, UB–KUB"，其中"K"为市场侵占系数。可能的策论组合如附表 1-3 所示。

产业同构前提下竞争力不同城市之间的完全信息静态博弈　　附表 1-3

城市 A 竞争力强	城市 B，竞争力弱		
	策略（A，B）	保护	开放
	保护	UA–CA, UB–CB	UA+KUB–CA, UB–KUB
	开放	UA, UB –CB	UA+KUB, UB–KUB

比较城市 A 的支付，可知总有"UA>UA–CA，UA+KUB>UA+KUB–CA"，因此，开放是城市 A 的绝对占优策略。具有充分理性的 B 应该已经预知 A 必将采取开放策略，实际上此时的竞争博弈已经演化成了动态博弈，但具体到这个模型中，A 的策略对 B 随后采取的策略完全没有影响，策略选择的结果等同于静态博弈。比较 B 的支付可知，当"KUB>CB"，则"UB–CB>UB–KUB"，保护将成为 B 城市的策略选择，当"KUB<CB"，则"UB–CB<UB–KUB"，开放将成为 B 城市的策略选择。同样策略（开放，开放）在四种策略组合中集体收益最大，是帕累托最优的选择。

产业同构、竞争力不等（意味着经济发展水平有差距）的城市之间，在市场保护的竞争博弈中，竞争力强、经济发达的城市总是倾向于采取开放策略，而竞争力弱、经济发展水平低的城市选择开放还是保护取决于市场保护的成本与开放市场损失的比较，当保护市场的成本大于开放市场的损失时，将采取开放的政策，当保护市场的成本小于开放市场的损失时，将采取地方保护的政策。

现实中，对于竞争力相对弱小的城市来讲，单方面开放市场将受到临近城市优势产业的强力冲击，所造成的损失常常远大于地方保护的行政和管理成本，因此，策略（开放，保护）是此类博弈最可能出现的现实结果。为了实现帕累托最优的策略组合，可行的建议包括借助模型外部的调控措施。调控应以降低竞争力弱城市开放市场的损失，平衡双方在同时选择开放策略时的收益差距为主，转移支付的力度应控制在">KUB–CB，且 <KUB"，以确保对双方都具有正向激励作用。

3. 产业异构前提下两城市竞争的博弈分析

考虑产业结构明显不同的城市 A 和 B，在彼此采取开放策略时，各自都将得到对方市场对应的收益而不会影响各自产业在本地的收益，即城市 A 的支付变为"UA+UB"，城市 B 的支付变为"UB+UA"，城市区域的总收益将成倍增加为"2UA+2UB=4U"，此时的博弈属于典型的"正和博弈"。其他条件与产业同构前提下的城市竞争博弈相同，可以得到竞争力相同及竞争力不同城市竞争的可能策略组合如附表 1-4、附表 1-5 所示。

分别比较竞争力相同和不同情况下城市 A 和 B 的支付，容易发现策略（开放，开放）总是产业异构前提下竞争博弈的纳什均衡，同时也是博弈帕累托最优的选择。这说明在产业结构明显不同的城市之间关于市场保护的竞争中，双方总是倾向于采取开放市场的政策，容易形成区域一体化的协调发展态势，这一结论与我们现实中的观察也是吻合的。

产业异构前提下竞争力相同城市之间的完全信息静态博弈　附表 1-4

城市 A	城市 B		
	策略（A，B）	保护	开放
	保护	$U–C$, $U–C$	$2U–C$, U
	开放	U, $2U–C$	$2U$, $2U$

产业异构前提下竞争力不同城市之间的完全信息静态博弈　附表 1-5

城市 A 竞争力强	城市 B，竞争力弱		
	策略（A，B）	保护	开放
	保护	$UA–CA$, $UB–CB$	$UA+UB–CA$, UB
	开放	UA, $UB–CB+UA$	$UA+UB$, $UB+UA$

二、产业同构

产业同构是与市场保护密切相关的另一个典型问题。

在对其作出博弈分析以前，需要根据对现实的观察提炼出影响博弈均衡的外生条件，即模型的自变量。许多研究表明市场保护及其表现，包括生产要素和商品的自由流通受到阻碍，以及协调发展的区域经济政策得不到很好的落实等，对产业同构有明显的影响（李金英、杨文鹏，2002；李昭、文余源，1998；刘澄、商燕，1999 等）。但这不是我们想要的条件，主要原因是在前文关于市场保护的博弈分析中，产业同构已经作为市场保护策略选择的外生条件，将自变量与因变量互换将陷入循环论证，难以清晰地说明问题。为此，我们选取产业同构的另外两个主要原因作为博弈模型的自变量，即政府主导的行政性投资和政府投资选择的多样性。

理想状态下，假设相邻的城市政府同时面临选择：是否投资市场当前利好的某特定产业。独自投资将获得高市场收益，同时投资将导致重复建设，进而引起收益下降，下降部分的比例，记做"重复投资损失系数""m"，不投资特定产业的城市政府假设将选择替代产业进行投资，替代产业与特定产业预期收益的比值，记做"产业代替系数""n"。

模型中，城市区域仍仅由城市 A、B 组成，两城市同时面临对一种产业的投资选择，该产业简记为"I"。城市 A 和 B 各自有两种策略选择：投资 I 产业，将获得"U"的支付；或投资非 I 产业，将获得"nU"的支付。假设"$U>nU>0$，即 $1>n>0$"，以使城市 A、B 获得投资 I 产业的正向激励。其中，"n"越高，说明投资非 I 产业的收益与投资 I 产业的收益越接近，"n"越低，说明投资非 I 产业的收益与投资 I 产业的收益差距越大。当城市 A 和 B 同时投资产业 I 时，发生重复投资，城市的支付受损，记做"mU"，其中，"m"越大，重复投资可能遭受的损失越小，"m"越小，重复投资遭受的损失越大。据此，我们可以得出静态博弈的策略组合如下（附表 1-6）。

比较城市 A 的支付，可知，当"$m>n$"时，"$mU>nU$，$U>nU$"，投资 I 产业是 A 的绝对占优策略，B 的选择与 A 对称，此时投资 I 产业也是 B 的绝对占优策略。此时该模型属于完全信息静态博弈模型，策略（投资 I, 投资 I）是博弈的纳什均衡。

关于产业同构的两城市竞争博弈　　　　　附表 1-6

城市 A	城市 B		
	策略（A, B）	投资 I 产业	投资非 I 产业
	投资 I 产业	mU, mU	U, nU
	投资非 I 产业	nU, U	nU, nU

可是当"$m<n$"时，"$mU<nU$, $U>nU$"，此时 A 没有了绝对占优策略，如何选择取决于城市 B 的策略，如果 B 选择投资 I，则 A 的占优策略是投资非 I，若 B 的选择是投资非 I，则 A 的选择是投资 I，同理，城市 B 的投资也没有了绝对占优策略，如何选择取决于 A。此时的模型已经演变成为不完全信息静态博弈模型，根据海萨尼关于"贝叶斯纳什均衡"的研究，求解此时的均衡策略，需要引进"混合策略概率"（张维迎，1999），假定参与人总是以一定的概率参与博弈。为此，我们假设城市 A 的混合策略为 $\sigma_A = (\theta, 1-\theta)$，即 A 以 θ 的概率选择投资产业 I，以 $1-\theta$ 的概率选择投资产业非 I；城市 B 的混合策略为 $\sigma_A = (\gamma, 1-\gamma)$，即 B 以 γ 的概率选择投资产业 I，以 $1-\gamma$ 的概率选择投资产业非 I。那么城市 A 和 B 的支付函数分别为：

$$v_A(\sigma_A, \sigma_B) = \theta[\gamma mU + (1-\gamma) U] + (1-\theta)[\gamma nU + (1-\gamma) nU]$$
$$= \theta U(\gamma m + 1 - \gamma) + nU - \theta nU$$
$$= \theta U(\gamma m - \gamma + 1 - n) + nU$$

$$v_B(\sigma_A, \sigma_B) = \gamma[\theta mU + (1-\theta) U] + (1-\gamma)[\theta nU + (1-\theta) nU]$$
$$= \gamma U(\theta m + 1 - \theta) + nU - \gamma nU$$
$$= \gamma U(\theta m - \theta + 1 - n) + nU$$

利用微分方法对支付函数求极限（收益最大化），得到城市 A、B 最优化的一阶条件：

$$\frac{\partial v_A}{\partial \theta} = \gamma m - \gamma + 1 - n = 0，\text{可得 } \gamma^* = \frac{1-n}{1-m}，\text{其中 } 1 > n > m > 0。$$

$$\frac{\partial v_B}{\partial \gamma} = \theta m - \theta + 1 - n = 0，\text{可得 } \theta^* = \frac{1-n}{1-m} = \gamma^*，\text{其中 } 1 > n > m > 0。$$

在混合战略的博弈均衡中，城市 A、B 都将以 $\frac{1-n}{1-m}$ 的概率选择投资产业 I，城市 A、B 同时选择产业 I 导致产业同构的概率为两者概率的乘积，记做"$\left(\frac{1-n}{1-m}\right)^2$"，观察这两个表达式，容易发现，$m$ 与 n 的取值越接近，选择投资产业 I 的概率越高，相反，m 与 n 的取值差别越大，A、B 选择投资产业 I 的概率越小。

综合"$m>n$"时的完全信息静态博弈的纳什均衡，可以发现"m, n"之间差值对模型的均衡有显著影响，设"$n-m=\chi$"，城市 A、B 选择投资产业 I 的概率相等，均为"$f_1(\chi)$"，城市 A、B 同时选择投资产业 I 的概率为"$f_2(\chi) = (f_1(\chi))^2$"，可以得到反映函数如下：

$$f_1(\chi) = \begin{cases} 1, if \chi < 0 \\ 1 - \frac{1}{1-m}\chi, if \, 0 < \chi < 1 \end{cases}$$

$$f_2(\chi) = \begin{cases} 1, if \chi < 0 \\ (1 - \dfrac{1}{1-m}\chi)^2, if\ 0 < \chi < 1 \end{cases}$$

表示在坐标轴上,如附图 1-1 所示。

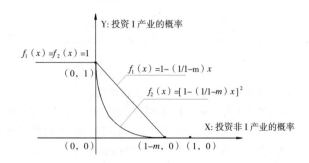

附图 1-1　关于产业同构的两城市竞争博弈均衡概率分布图

现实意义的解释如下:

(1)当"$x=1-m$,即 $n=m+x=1$"的时候,城市 A、B 由于担心投资产业 I 可能遭受重复建设带来的损失,严格优选策略都是投资非 I 产业,产业同构的概率为零,不会发生。此时的现实限制条件为:产业替代系数为 1,即投资产业 I 不带来任何额外的收益,重复建设损失系数取(0,1)之间的任意值。

(2)当"$1-m>x>0$,即 $n>m$"的时候,城市 A、B 都将以一定的概率选择投资产业 I,概率随 n 与 m 之间的正差值增大而减小。此时的现实限制条件为:产业代替系数大于重复建设损失系数,即选择替代产业进行投资比在投资特定产业时重复建设所遭受的损失要小,此时城市 A 和 B 都有一定的概率选择特定产业。同等条件下,导致这种差距扩大的措施将导致选择特定产业进行投资的概率降低。例如,增加产业替代系数,包括增加产业投资的多元化选择,市场需求多元化的发展以及缩小不同产业预期收益等,降低重复投资的损失系数,或者同时采取两种措施。这个结论与经验观察以及许多实证研究的结论相一致。值得特别注意的是,重复投资造成的损失不仅表现在当时当事,更会借助产业发展的路径依赖效应,对产业和区域经济的长远发展构成限制和威胁,如何估量这种长期支付的损失是一个很关键的问题,如果低估甚至忽略长期损失,将人为增大重复投资的概率。

另外,关于混合策略的概率也可以这么来理解,假设城市 A 和 B 进行有限次重复博弈,每次都面临是否投资于市场收益看好的某种特定产业,多次博弈的结果可能是城市 A 以一定的概率选择投资于当时市场看好的产业,城市 B 也以一定概率选择了投资于当时市场看好的产业,从而城市 A、B 在多次博弈后彼此同种产业占总选择产业的比例将是两者概率的乘积。这个意义上,混合策略概率也可以理解为表现两城市间产业同构程度的一个参考系数。

(3)当"$x<0$,即 $n<m$"的时候,城市 A、B 都将选择投资产业 I,表现为完全的产业同构。此时的现实条件是:产业代替系数小于重复建设损失系数,即在城市 A、B 的支付函数中,选择代替产业投资的损失比重复建设可能遭受的损失还要大。一种可能的原因是对产业替代系数付值过小,例如可

供选择的投资产业十分有限，尽管跟风投资可能导致重复建设，但不跟风投资，替代产业的收益相差太大，投资自然会集中在市场看好的少数产业上。事实上，这正是珠江三角洲开放早期，市场和产业发展都不完善时候的情景，城市在选择和投资主导产业时盲目跟风是造成重复建设和产业同构的主要原因之一。

另一种情况是对重复建设系数付值过大，这又有两种情况，其一，特定产业属于市场新兴产业，远离市场饱和状态，即便重复投资，短期内也不一定对支付有明显的不利影响，但是在成熟市场经济体制中，由于新兴产业不成熟，市场有待开拓，投资风险也很大，预期收益不高，m 付值提高的同时 n（产业代替系数）的付值也相对提升，从而一定程度上平抑了盲目投资新兴产业的冲动。在中国当前的经济体制转型期，加强政府投资的预算硬约束以及尽快建立科学、完善的市场收益评价体系是避免盲目投资新兴产业，规避风险的关键；其二，特定产业属于传统成熟型产业，已经接近市场饱和态，但受支付函数或评价机制的影响，人为扩大和歪曲了重复建设系数的付值，典型的做法是地方政府只考虑任期以内的经济效益，完全忽视重复建设的长远不利影响。这种情形导致的重复建设具有长效及递增的负面效应，将直接导致产业和区域经济的不可持续发展。

三、动态竞争

前文中，我们构建了产业同构前提下竞争力相同的两城市市场保护的完全信息静态博弈模型，其中，当 "$KU>C$" 时，城市 A 的支付满足 "单方面保护 > 同时开放 > 同时保护 > 单方面开放"，选择保护成为城市 A 的绝对占优策略，城市 B 的策略选择与 A 对称，因而策略（保护，保护）成为博弈唯一的纳什均衡，但此时的集体收益小于策略（开放，开放），因而并不是帕累托最优的策略组合。这种博弈中个体理性与集体理性的相互矛盾很普遍，博弈论学者 Tucker（1950）最早定义并系统研究这种类型的博弈，当时他使用了囚徒博弈的故事来描述模型，这类博弈模型也因此被称为 "囚徒困境"（prisoners' dilemma）。

"囚徒困境" 在地区本位的城市竞争中广泛存在。除了市场保护以外的典型案例还包括区域基础设施共享、相邻城市共同限制污染型企业、保护生态环境质量问题等方面。在区域基础设施共享问题中，如果城市 A、B 合作投资建设共享的基础设施，能够在最低成本情况下，获得满足双方福利增加的基础设施，如果各自投资并限制共享，将可能由于成本高企或设施达不到效益规模而不得不付出福利减少的代价，但如果选择自己不投资，当对方独自投资时，将由于资源和市场的损失导致己方更大的损失，同时对方将获得额外的利益。这种情况下，博弈中每个城市的理性选择都将是各自投资并限制共享，这显然不是集体帕累托最优的结果。

关于生态环境保护问题，假设城市 A、B 都按照符合生态环境容量要求的产业配额发展对环境有污染的产业，生态环境将能够通过自净效应保持在一定水准，双方在获得一定经济收益的同时，环境成本保持在较低的程度，但当一方超额发展污染企业而另一方选择遵守配额限制的情况下，超额一方将获得超额经济利益，所造成的环境成本却由两个城市共担，遵守限额的城市将不得不承担额外的成本，此时，每个城市的理性选择都是超额发展污染产业，这种纳什均衡将导致整体的生态环境成本激增，乃至区域生态的不可持续发展。

为了在"囚徒困境"类型的博弈中达到帕累托最优，可供选择的措施之一是通过外力改变参与者的支付函数，使帕累托最优的策略成为个体绝对占优策略，但严格来讲，此时的博弈已经不属于"囚徒困境"的博弈模型。假设参与者的支付函数不容易改变，这种博弈有没有其他可能的纳什均衡，能否通过自实施达到帕累托最优呢？下面尝试构建一个一般意义上的城市竞争的"囚徒困境"博弈模型来探讨这个问题。

仍然假设存在城市 A 和 B，各自有选择协作和对抗的两种策略，同时选择对抗时，各自的支付均为 "a"，同时选择协作时，各自的支付均为 "b"，一方选择协作而另一方选择对抗时，协作一方的支付为 "$a-t$"，对抗一方的支付为 "$a+t$"，其中 "$b>a, t>b-a>0$"。与完全信息静态博弈模型不同，动态博弈意味着城市 A、B 之间不只进行一次博弈，而是要进行无限次重复博弈。城市 A、B 可能的策略选择如附表 1-7 所示。

"囚徒困境"式的动态竞争博弈的策略组合   附表 1-7

		城市 B	
	策略（A，B）	对抗	协作
城市 A	对抗	a, a	$a+t, a-t$
	协作	$a-t, a+t$	b, b

根据完全信息动态博弈及其子博弈精练纳什均衡的研究（泽尔腾，1965，转引自张维迎，1999），无限次重复博弈均衡的关键是考察参与者的策略原则。根据逻辑上合理，现实中可能的原则，无限次囚徒困境参与者可能采取的策略包括"冷酷战略"（grim strategies）和"针锋相对战略"（tit for tat）（还有更多的其他策略），研究表明，这两种策略都属于无限次"囚徒困境"博弈的纳什均衡，并能够使帕累托最优的策略组合自动实施。具体分析如下：

首先，在城市竞争博弈中运用"冷酷战略"意味着：①开始选择协作；②重复选择协作直到一方选择对抗，然后永远选择对抗。令 "r" 为支付贴现因子，如果城市 A 在博弈的任何阶段首先选择了对抗，该次博弈 A 的支付为 "$a+t$"，但城市 A 的机会主义行为将触发城市 B 永远对抗的惩罚，因此 A 以后每次支付都是 "a"。比较城市 A 首先选择对抗（记做 "v_1"）与不首先选择对抗（记做 v_2）的支付函数为：

$$v_1= \sum_{i=1}^{+\infty} a+t+a\ (1+\gamma^i), v_2= \sum_{i=1}^{+\infty} b+b\ (1+\gamma^i)$$

由于 $b>a$，可知 $v_2>v_1$

因此，如果城市 B 也坚持冷酷策略，且没有首先选择对抗，城市 A 的占优策略不会首先选择对抗。如果城市 B 首先选择了对抗，城市 A 将对城市 B 威胁实施惩罚，威胁是否可信取决于城市 A 在随后的博弈中选择对抗（记做 "v_3"）与继续协作（记做 "v_4"）支付的比较。分别计算 v_3 和 v_4 的支付函数：

$$v_3 = \sum_{i=1}^{+\infty} a + a\ (1+\gamma^i),\ v_4 = \sum_{i=1}^{+\infty} a - t + (a-t)\ (1+\gamma^i)$$

由于 $a > a-t$，可知 $v_3 > v_4$。

此时，城市 A 的占优策略是选择对抗，并一直坚持到底。城市 A 在 B 首先选择对抗后实施惩罚的威胁是可信的，城市 B 因此不会首先选择对抗策略。

通过以上分析，我们知道冷酷策略是无限次博弈的一个纳什均衡，城市 A、B 遵守冷酷策略的结果是在"囚徒困境"式无限次博弈中，谁都不会选择对抗竞争的策略，而会持续选择协作策略，从而整体达到了帕累托最优的结果。

其次，在城市竞争中运用"针锋相对"策略意味着：①开始选择协作；②在某一阶段的博弈中总是以对手上一阶段的策略作为自己此次博弈的策略。同样容易发现，城市 A 和 B 都没有首先选择对抗的积极性，因为如果城市持续选择协作，每期都将获得"b"的支付，如果首先选择对抗，将交替获得"$a-t$"和"$a+t$"的支付，显然"$(a-t)+(a+t)<b+b$"。但是值得注意的是，在"针锋相对"策略中，如果对手首先采取对抗，自己进行惩罚的威胁是不可信的。假设城市 A 在第 n 次博弈中首先选择对抗策略，城市 B 如果在第 $n+1$ 次博弈中进行惩罚，将在以后的博弈中交替获得"$a-t$"和"$a+t$"的支付，但是城市 B 不实施威胁，仍采取协作策略，将使博弈再次回到（协作，协作）的循环中，城市 B 将持续获得"b"的支付，由于"$(a-t)+(a+t)<b+b$"，因此，城市 B 实施惩罚的威胁在 A 看来不可信。综合来看，"针锋相对"策略也是无限次博弈的一个纳什均衡，并且可以通过"自实施"（self-enforcing）实现帕累托最优的结果。与"冷酷策略"相比较，"针锋相对"对违反规则的惩罚不可信，因此博弈中出现违规行为的概率也要大得多。

上述分析揭示出，如果博弈进行无限次且参与人都能遵守适当的博弈规则，短期的机会主义行为可以得到有效避免，因为短期的收益在无限次博弈过程中显得微不足道，而对长期收益的关注，将激励参与者有积极性建立合作的声誉，同时也有积极性惩罚对方的机会主义行为，维护共同的博弈规则。

现实中，不少学者都曾尖锐地指出，目前地方政府只顾眼前利益的短视行为是导致城市彼此恶性竞争的主要原因之一（姜德波，2004；杨保军，2004b）。这里，关于城市区域中城市动态竞争的博弈分析启示我们，真正从城市的长远利益出发，共同建立、维护并认真遵守适当的博弈规则（例如：冷酷战略或针锋相对战略），即使不通过第三方（上级政府）或城市之间事前建立的动态联盟等外部因素，也可以自下而上地实现整体的协调发展。

附录二：动态联盟利益分配机制的博弈分析

一、合作博弈与"动态联盟"

博弈论将"联盟"解释为一种动机，即利益动机。合作博弈论基于参与人之间存在有约束力协议的前提，认为只要合作的总体收益大于成本就可能达成"动态联盟"，条件是有约束力的协议能够确保双方都满意的利益分配。构建符合"动态联盟"要求的利益分配机制是影响区域协作制度安排稳定性的关键因素。

1. "动态联盟"的合作博弈模型

用合作博弈论对"动态联盟"的利益分配机制进行研究，需要首先构建合作博弈模型。借鉴企业战略联盟的研究，假设某"动态联盟"中有 n 个参与者，该联盟可以建立如下博弈模型（简兆权，1999）：

$$G\ (N,\ v)\ =\{S_1\cdots S_n\ ;\ b_1\cdots b_m\ ;\ v_1\cdots v_n\};v_i=f_i\ (S_1\cdots S_n\ ;\ b_1\cdots b_m)$$

其中，G 表示含有 n 个参与者（城市）的合作博弈；S 表示含有 n 个参与者的策略空间；b 表示参与者将达成 m 个协议；v_i 表示第 i 个参与者的支付函数。

上述合作博弈模型的表达式表示了合作博弈 G 包含了一个参与者集合 $N=$（$1\cdots n$），策略集合（$S_1\cdots S_n$），协议集合（$b_1\cdots b_m$）以及每一个参与者的支付函数 V_i，博弈中战略选择的原则是追求合作时所能实现的最大收益或成本节约。

2. 关于合作博弈的解

合作博弈论中将某特定利益分配协议中，参与者 i 获得的收益称为 i 的"支付向量"，记做"X_i"，并且假设所有参与者支付向量之和等于此时联盟可获得的总收益；同时，将特定协议条件下所有参与者的支付向量集合称为"博弈的解"，合作博弈通过这一概念回答这样的问题：在考虑由不同参与者自由组合子联盟的潜在利益条件下，应如何在各参与者之间分配由所有参与者共同组成联盟的合作收益。关于合作博弈的解，代表性的研究成果有：Shapley 值，"T–"值以及"核"的概念。

（1）Shapley 值（Shapley，1971，转引自罗莉、鲁若愚，2001）。Shapley 值是 1971 年由 Shapley 首先提出的，它重点考虑了参与方对联盟的边际贡献，也可以解释为参与者的期望边际贡献值，在博弈模型 $G\ (N,\ v)$ 中，参与者 i 的 Shapley 值正式定义如下（推导过程省略）：

$$\varphi_i\left(N,\ v\right) = \sum_{S\subseteq N_i\in S}\frac{\left(\mid S\mid-1\right)!\ \left(n-\mid S\mid\right)!}{n!}\{v\left(S\right)-v[S/\left(i\right)]\}$$

其中，"$\mid S\mid$"表示任意组合子联盟中参与者的个数。

（2）"T-"值（简兆权，1999）。"T-"值是由 Tijs 于 1981 年提出来的，表示了参与者支付向量与理想支付之间的折中值。理性支付被定义为参与者所期望得到的最大值，超出理想支付的任何要求都会导致其他合作者拒绝与其合作，从而参与者将被排斥在联盟之外。由于合作博弈中允许任意参与者自由组合的子联盟（小于所有参与者共同组成联盟的组织）存在，每一个参与者都有动机选择可能给它带来最大支付的联盟。同时，参与者实际获得的支付不得小于其参与自身（即不参与任何与其他参与者组成的联盟）时的收益，这时的支付也称为最小权利支付。"T-"值还定义了参与者获得的支付必须大于最小权利，不超过理想支付，以及必须小于等于其参与最大联盟（所有参与者共同组成的联盟）的值。此时，合作博弈的"T-"值表示为（证明和推导过程省略）：

$$\tau\left(N,\ v\right) = am\left(N,\ v\right)+\left(1-\alpha\right)M\left(N,\ v\right)$$

（3）"核"的概念。"核"的概念是由 Schmeidler 于 1969 年提出来的，主要定义了使联盟的最大抱怨最小化的支付向量（简兆权，1999）。假设合作博弈中存在涉及所有参与者的两种以上的分配方案，如果方案一的支付向量对所有参与者而言，都超过方案二，则称方案一"优超"于方案二。如果在所有可能分配方案组成的集合中，某特定分配方案不被任何其他分配方案"优超"，则称此时博弈的解为"核"（孙大为、刘人境、汪应洛，1998）。

3. 合作博弈模型的凸性及博弈解的一致性

合作博弈达成联盟的重要前提之一就是存在合作收益，经过协议的再分配，确保任何个体获得的支付不小于单独行动时的收益水平。

合作博弈模型中，进而将任意不相交的若干子联盟，当它们联合起来时的支付不少于各自收益之和的特性称为"超可加性"（superadditivity）（孙大为、刘人境、汪应洛，1998），"超可加性"表明合作收益具有随联盟规模增大的递增性，具体到许多合作实例中（包括城市区域中的城市协作），与规模效应、范围效应的经验研究相一致，具有现实中合理性的基础。理论上，容易证明满足这一假设的博弈模型为凸（证明略），即规定了参与者在参与总联盟时的支付至少不少于各自参与子联盟或单独行动时支付的总和，此时，没有一个参与者或子联盟愿意从总联盟中分裂出去（简兆权，1999）。合作博弈的凸性类似于非合作博弈的纳什均衡，是一种稳定的状态。

Shapley（Shapley，1971）和 Schmeidler（Schmeidler，1969、1981）进一步的研究揭示出具有凸性的合作博弈，其 Shapley 值和"核"是稳定分配的，且 Shapley 值与"T-"值相一致，因此，"T-"值也是稳定分配的；当只有两个参与者的情况时，Shapley 值、"T-"值与"核"的值三者相一致（证明略）（简兆权，1999）。

"动态联盟"中利益分配机制的合作博弈分析可以对区域协作的制度安排有如下启示：

（1）在合作博弈基础上形成"动态联盟"的必要条件是，这样做可以带来额外的合作收益；充分条件则是，城市之间能够通过有效磋商，彼此协调并最终达成有约束力的利益分配协议，约束彼此的合作行为。满足这些条件的城市协作将给各成员带来大于不合作时所获得的利益，并且任何破坏合作的行为都将导致其收益下降，只有真诚地与其他所有城市共同合作，才能获得最大收益。

（2）在"动态联盟"中，虽然各方都追求磋商基础上个体收益尽可能地多，表现在利益分配中的冲突，但至少存在一种使参与各方均能满意的分配方案，它要求所有城市共同参与合作，形成最大的联盟，并且借助支付转移和补偿机制，直接获利较大的城市要给予获利较少的城市一定量的利益补偿，一定假设条件下，这个补偿量是确定的。

（3）转移支付机制可以吸引对其他城市有明显正外部性的城市参与到联盟中来，并通过参与者追求自身收益最大化的行为将这种外部效应内部化。这样做不仅可以使具有正外部性的城市，同时也使其他城市获得更大的合作收益。

（4）经济发展水平有差距的城市之间开展合作，经济发展水平低的城市常常倾向于采取地方市场保护的政策，以保护本地产业的市场利益。主要原因是担心在一体化组织内部，同经济发展水平更高、竞争力更强的城市竞争将处于不利地位，不仅没有合作收益，还可能会损失部分利益。此时，"联盟"建立收益转移支付的机制成为先决条件。转移支付的目标是确保双方大致获得均衡的收益。

二、利益分配机制

建立科学、合理的利益分配机制对区域协作的制度安排及其稳定性有关键的影响。下面结合具体事例具体说明合作博弈的解及 Sharpley 值的应用。

1. 产业发展的利益分配模型

假设区域中有三个城市 A、B 和 C，同时面临开发市场收益看好的某产业的选择。由于三地之间的资源、设施和环境条件各不相同，独立开发特定产业的成本和收益也有所区别。进一步假设三个城市存在某种形式的经济互补，两两联合开发的成本由于资源和环境的互补效应、规模经济效应以及范围经济效应的作用，成本降低，收益增加，净收益明显高于三城市独立开发；同理，三城市共同协作组成最大联盟开发时的成本最小，各种合作效应的作用使净收益最大。显然，三城市共同合作开发是整体帕累托最优的选择，现在面临的问题是：如何在各参与者之间分配由所有参与者共同组成联盟的合作收益，以确保同时满足联盟中各方利益的要求，并维持联盟的稳定性。

为了简化分析，使用具体的数值代替代数符号构建合作博弈模型如下（附表 2-1）：

三城市合作产业开发的利益分配合作博弈　　　　附表 2-1

城市联盟	A	B	C	A+B	B+C	C+A	A+B+C
开发产业的净收益	60	40	20	120	100	140	240

博弈模型为凸，符合使用 Sharpley 值求解利益分配方案的条件。利用 Sharpley 值计算城市 A、B、C 在三城市共同合作中的利益分配额度如下：

$$\Phi(A) = \frac{60}{3 \times 1} + \frac{(140-20)+(120-40)}{2 \times 3} + \frac{240-100}{1 \times 3} = \frac{60}{3} + \frac{200}{6} + \frac{140}{3} = 100$$

$$\Phi(B) = \frac{40}{3 \times 1} + \frac{(120-60)+(100-20)}{2 \times 3} + \frac{240-140}{1 \times 3} = \frac{40}{3} + \frac{140}{6} + \frac{100}{3} = 70$$

$$\Phi(C) = \frac{20}{3 \times 1} + \frac{(100-40)+(140-60)}{2 \times 3} + \frac{240-120}{1 \times 3} = \frac{20}{3} + \frac{140}{6} + \frac{120}{3} = 70$$

得出城市 A、B、C 在三城市联盟共同开发特定产业中的利益分配值依次为：100、70、70 个单位。

2. 基础设施的成本分担模型

仍然假设城市区域由三个城市 A、B 和 C 组成，现在面临共同修建区域性基础设施，例如污水处理厂的问题。由于城市之间的污水产量不同，污水处理的技术水平、生产工艺以及管道的费用都不相同，单独建立污水厂的费用也不相同；两两联合修建污水处理厂，由于污水处理的规模经济效应，总费用将较各自兴建的费用之和有所下降；而三个城市共同协作，兴建最大规模的污水处理厂将达到最高的经济效益、社会效益，此时的建设费用不仅小于各自城市独立兴建的成本之和，而且小于不相交的子联盟费用之和（如 A+B，C；B+C，A；A+C，B 等组合）。现在面临的问题是：如何在城市 A、B、C 之间分配由三者共建基础设施的成本，以确保同时满足城市 A、B、C 各方对尽量节约成本投入的要求，并维持联盟的稳定性。

同样，为了简化分析，使用具体的数值代替代数符号构建合作博弈模型如下（附表 2-2）：

三城市基础设施建设成本分担的合作博弈　　　附表 2-2

城市联盟	A	B	C	A+B	B+C	C+A	A+B+C
建设基础设施（污水处理厂）成本	2000 万元	1500 万元	2500 万元	3000 万元	3500 万元	3800 万元	4500 万元

博弈模型为凸，符合使用 Sharpley 值求解利益分配方案的条件。利用 Sharpley 值计算城市 A、B、C 在三城市共同兴建基础设施中的成本分担额度如下：

$$\Phi(A) = \frac{2000}{3 \times 1} + \frac{(3000-1500)+(3800-2500)}{2 \times 3} + \frac{4500-3500}{1 \times 3} = \frac{2000}{3} + \frac{2800}{6} + \frac{1000}{3} = 1466.7$$

$$\Phi(B) = \frac{1500}{3 \times 1} + \frac{(3000-2000)+(3500-2500)}{2 \times 3} + \frac{4500-3800}{1 \times 3} = \frac{1500}{3} + \frac{2000}{6} + \frac{700}{3} = 1066.7$$

$$\Phi(C) = \frac{2500}{3 \times 1} + \frac{(3000-1500)+(2800-2000)}{2 \times 3} + \frac{4500-3000}{1 \times 3} = \frac{2500}{3} + \frac{3800}{6} + \frac{1500}{3} = 1966.7$$

得出城市 A、B、C 在三城市联盟共同假设基础设施（污水处理厂）的成本分担配额依次为：1466.7 万元、1066.7 万元、1966.7 万元。

3. 小结

上面两个事例不乏现实意义。在城市区域的城市协作中常常会遇到利益分配和成本分担的情况，依据 Sharpley 值构建利益分配方案，既不是平均主义的，也不是依据单独行动时收益或成本之间的比例关系（例如在开发产业的事例中，单独开发时 A 的收益是 C 的三倍，B 也是 C 的两倍）。实际上，Sharpley 值主要反映了成员对联盟的边际贡献，即主要是依据成员对联盟的重要性进行分配的，深入的分析（略）表明 Sharpley 值不仅在实践中可行，而且可以有效降低利益分配中的不利因素，为协作持续、稳定的发展奠定坚实的基础（罗莉、鲁若愚，2001）。由此，依据合作博弈分析的利益分配机制将为城市协作制度安排的稳定性提供有力支持。

附录三：空间规划的矛盾与冲突

城市层面，我国目前有若干相对独立的空间规划体系，不同的规划由不同部门负责编制、审批与实施。其中最重要的三个规划是城乡规划、土地利用规划、国民经济和社会发展规划。

一、城乡规划

我国在计划经济时期，建立了"总体规划—详细规划"的城市规划体系。1990年代，伴随向市场经济转轨，开始探索"控制性详细规划"，同步建立了规划的行政许可制度。

1998年我国颁布了《城市规划法》，2008年1月修订后颁布了新的《城乡规划法》。依其规定，我国的城乡规划体系包括：城镇体系规划、城市规划、镇规划、乡规划和村庄规划及社区规划。城市规划、镇规划分为总体规划和详细规划。详细规划分为控制性详细规划和修建性详细规划（附图3-1）。

城镇体系规划分为全国，省、自治区两个层级，主要内容是确定"城镇空间布局和规模控制，重大基础设施的布局，为保护生态环境、资源等需要严格控制的区域"❶。城镇体系规划指导城乡规划的编制。

城乡规划需要划定"规划区"，即"城市、镇和村庄的建成区以及因城乡建设和发展需要，必须实行规划控制的区域"，具体范围由有关人民政府在组织编制城市总体规划、镇总体规划、乡规划和村庄规划中划定。

城市、镇总体规划负责制定"城市、镇的发展布局，功能分区，用地布局，综合交通体系，禁止、限制和适宜建设的地域范围，各类专项规划等"❷。城乡规划主管部门负责根据城市总体规划的要求，组织编制控制性详细规划。

在城市、镇规划区，规划实施的保障是依申请核发"规划选址意见书"、"建

---

❶ 《城乡规划法》第12、13条，国务院城乡规划主管部门会同国务院有关部门组织编制全国城镇体系规划，用于指导省域城镇体系规划、城市总体规划的编制。省、自治区人民政府组织编制省域城镇体系规划，报国务院审批。城镇体系规划的内容应当包括：城镇空间布局和规模控制，重大基础设施的布局，为保护生态环境、资源等需要严格控制的区域。

❷ 《城乡规划法》第17条，城市总体规划、镇总体规划的内容应当包括：城市、镇的发展布局，功能分区，用地布局，综合交通体系，禁止、限制和适宜建设的地域范围，各类专项规划等。规划区范围、规划区内建设用地规模、基础设施和公共服务设施用地、水源地和水系、基本农田和绿化用地、环境保护、自然与历史文化遗产保护以及防灾减灾等内容，应当作为城市总体规划、镇总体规划的强制性内容。

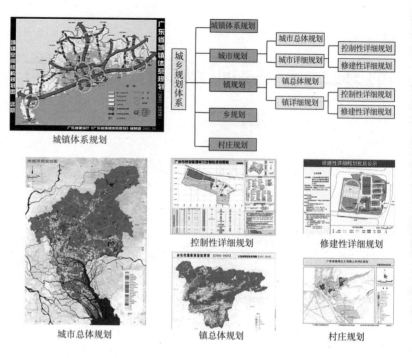

附图 3-1　城乡规划体系

设用地规划许可证"和"建设工程规划许可证",依据是"控制性详细规划"❶。在乡、村庄规划区,规划实施的保障是依申请核发"乡村建设规划许可证",依据是乡规划、村庄规划❷。

在"城市区域"中,区域规划是与城镇体系规划同一层级的规划。城市、镇总体规划接受区域规划的"指导",进而"指导"控制性详细规划的编制。逻辑关系的传承上看似清晰,操作起来却大相径庭。

首先,区域规划、城市总体规划、控制性详细规划的审批主体不一。以珠三角为例。几轮区域规划的审批主体都是省政府;珠三角 9 个城市总体规划的审查需要经过省政府,但最后的审批部门都是国务院;而控制性详细规划的审批主体是地方市政府。一方面,不同层级、不同审批主体的要求并不完全相同;另一方面,大而全的规划内容专业、庞杂,协调性审查很难精准、量化,一般也不会将规划间的协调作为审批与否的重要依据。

其次,规划期限不统一,编制周期不协调。区域规划没有明确的期限,编制周期不稳定。城市总体规划有明确的期限(一般为 20 年),内容庞杂,编制和报审耗时 5~10 年,珠三角的大多数城市 10 年左右修编一次总体规划。而控制性详细规划期限不明确,依赖局部地块的动态调整机制更新。为了配合地方经济发展、服务市场,控制性详细规划调整的节奏明显快于总体规划,"见木不见林"、"小步快跑"的调整积少成多,可能带来城市空间结构性

---

❶ 《城乡规划法》第 37 ~ 40 条规定,无论是划拨用地,还是公开出让用地,在正式办理用地手续前都必须申请取得"建设用地规划许可证",审核的依据就是建设方案是否符合控制性详细规划。第 41 条规定,在城市、镇规划区内进行建筑物、构筑物、道路、管线和其他工程建设的,需要申请办理建设工程规划许可证,审核的依据依然是工程设计资料、修建性详细规划是否符合控制性详细规划。

❷ 《城乡规划法》第 41 条规定,在乡、村庄规划区内进行乡镇企业、乡村公共设施和公益事业建设的,由乡、镇人民政府报城市、县人民政府城乡规划主管部门核发乡村建设规划许可证,依据是乡规划、村庄规划。

失控❶。

二、土地利用规划

　　我国实行国有土地有偿使用的制度,对土地用途实行严格管制❷。1986年颁布了《土地管理法》,1998、2004年两次修正。法律规定任何单位和个人进行建设,需要使用土地的,无论是国有土地的划拨还是公开出让都必须向土地主管部门申请,经审核同意后报人民政府批准❸。审核的依据是土地利用总体规划。

　　土地利用总体规划分层级,从中央到地方,由各级人民政府在行政辖区的范围编制。土地规划的管理实施强调刚性,下级规划的建设用地不得超过上级规划,耕地保护不得少于上级规划的指标控制。土地利用总体规划的目标是严格保护基本农田,控制非农业建设占用农用地,统筹安排各类建设用地,集约、节约利用土地❹。

　　国内大部分城市经历了三轮规划编制。第一轮1987~1997年,重点明确"最严格的耕地保护"要求,规划以数据台账的方式进行土地利用控制。第二轮土规1997~2010年,明确了数据台账和规划图件共同进行土地管理。第三轮土规2006~2020年,强化了土地作为宏观调控手段,提出土地空间管控、数据库管理、加强土地监察的要求,规划图统一采用1∶2000的比例尺,建立了统一的数据信息平台(附图3-2)。

　　法律规定城乡规划应"与土地利用总体规划相衔接,城市总体规划、村庄和集镇规划中建设用地规模不得超过土地利用总体规划确定的用地规模",在城乡规划区,城市和村庄、集镇建设应当符合城乡规划。但城乡规划、土地利用规划分属独立的体系,技术标准并不统一,以城市中的绿地为例。

　　《城市规划编制办法》规定,绿地包括防护绿地、城市公园和广场绿地,是城市建设用地的重要组成类别,必须编制绿地系统专项规划,比例应占城市总用地的10%~15%❺。

　　在土地利用规划中,绿地是否属于城乡建设用地并不明确。视其具体位置,绿地可以属于城乡住宅和公共设施等建设用地,也可以属于耕地、林地、草地、农田水利等非建设用地。规划图中将其划入城乡建设用地的,计入规

---

❶ 某城市2001 ~ 2007年的6年时间里,城市建设与总规不符性很高:依据规划许可开发利用的50%的居住用地、商业办公用地、仓储用地和特殊用地没有按总体规划规划实施(田莉、吕传廷,2008)。

❷ 《土地管理法》第4条规定,国家实行土地用途管制制度。国家编制土地利用总体规划,规定土地用途,将土地分为农用地、建设用地和未利用地。严格限制农用地转为建设用地,控制建设用地总量,对耕地实行特殊保护。

❸ 《土地管理法》第43、44、52条,任何单位和个人进行建设,需要使用土地的,必须依法申请使用国有土地。涉及农用地转为建设用地的,应当办理农用地转用审批手续。土地行政主管部门可以根据土地利用总体规划、土地利用年度计划和建设用地标准,对建设用地有关事项进行审查。

❹ 《土地管理法》第17、18、19条,各级人民政府应当依据国民经济和社会发展规划、国土整治和资源环境保护的要求、土地供给能力以及各项建设对土地的需求,组织编制土地利用总体规划。下级土地利用总体规划应当依据上一级土地利用总体规划编制。建设用地总量不得超过上一级土地利用总体规划确定的控制指标,耕地保有量不得低于上一级土地利用总体规划确定的控制指标。

❺ 按照2010年发布的《城市用地分类与规划建设用地标准》。

	现状 （1988年）	Ⅰ方案	Ⅱ方案	Ⅲ方案
总面积	107.6626			
耕地	45.546	43.38	43.38	10.8
林地	37.2308	32.6	32.3	32.3
园地	1.9747	7.2	7.2	8.2
牧草地	0.1532	1.882	1.7	2.3313
居民工矿地	8.9258	9.8656	10.3477	11.513
交通用地	2.22664	2.454	2.454	2.454
水域占地	1.9435	2.014	2.014	2.014
未利用	9.6617	8.2666	8.2666	8.05

注：（1）1988年林地含山楂园地等。（2）居民工矿地包括城乡居民点和工矿与特殊用地

附图 3-2 广州市土地利用总体规划的演进

模控制，反之不计入。由于土地利用总体规划分类不涉及绿地，其归属相对灵活，但很不规范。导致关于绿地的规模问题，两个规划难以协调。

三、国民经济和社会发展规划

"国民经济和社会发展规划"依据《中华人民共和国宪法修正案》（2004年）第99条"地方政府应该制定经济和社会发展规划"开展编制，是具有战略意义的指导性文件、发展的总体纲要，用于统筹安排和指导社会、经济、文化各类建设工作。国民经济和社会发展规划（计划）每隔五年编制一次，也是新中国成立以来从未中断过的唯一的规划（附图 3-3）。

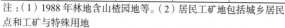

中国城市化发展阶段	时间	历年五年计划	
	1953 年		
城市化发展起步阶段		一五计划 （1953~1957 年）	工业增速，超英赶美
	1958 年		
超常工业化下的超高速城市化		二五计划 （1958~1962 年）	大跃进，大倒退
	1963 年		
调整期内第一次逆城市化	1966 年		
停滞期内第二次逆城市化	1971 年	三五计划 （1966~1970 年）	三线建设，备战备荒
		四五计划 （1971~1975 年）	严重失控，调整战略
	1976 年 1978 年	五五计划 （1976~1980 年）	新跃进，大转折
	1981 年		
		六五计划 （1981~1985 年）	走向改革开放
	1986 年		
		七五计划 （1986~1990 年）	改革闯关，治理整顿
	1991 年		
持续快速稳定发展阶段		八五计划 （1991~1995 年）	小平南巡，改革潮涌
	1996 年		
		九五计划 （1996~2000 年）	宏观调控，经济软着陆
	2000 年 2001 年		
		十五计划 （2001~2005 年）	指令计划退场，市场配置资源
	2006 年		
		十一五计划 （2006~2010 年）	经济增长，领先全球
	2011 年		
新型城镇化发展阶段		十二五计划 （2011~2015 年）	转变方式，科学发展
	2015 年		

附图 3-3 国民经济和社会发展规划（计划）的演进

国民经济和社会发展规划的主要内容包括指导性内容、行动纲领以及实施机制。指导性内容由总体目标、导向性内容组成；行动纲领包括发展重点领域、主要任务、重大项目空间布局等。国民经济和社会发展规划以五年为一个编制周期，是我国唯一无间断编制的规划。不同时期规划的主导内容深刻反映了当时的政治发展方向。

　　国民经济和社会发展规划因其对城市发展的整体谋篇布局，及负责制定"五年重大建设项目计划"、"本届政府任期重大建设项目计划"和"年度重点项目建设计划"，对城乡规划、土地利用规划有重大的影响。比如：重大交通、市政基础设施：机场、高铁站、港口等。还有重大产业项目，包括：汽车产业基地、造船基地、钢铁产业、化工产业集群的布局等。现实中国民经济和社会发展规划，特别是重点项目计划，缺少空间属性。项目选址与落地往往超出规划红线，影响城市规范化的管理。

四、规划冲突

　　国民经济和社会发展规划、土地利用规划与城乡规划，从法理上看并不矛盾。国民经济和社会发展规划确定目标，决定城市的发展内容。土地利用规划确定建设与非建设用地关系，划定城市空间范围。城乡规划处理建设用地问题，依据发展内容与目标在划定的空间范围内部署城市的空间格局。

　　三个规划的管理属于基本建设前期管理中三个紧密联系、相互补充的过程："项目立项、选址—规划许可—用地管理"。国民经济和社会发展规划由国家发改委负责，实施中负责制定计划、项目立项、项目选址审查；土地利用规划由国土资源主管部门负责，实施中负责农用地征转审查、国有用地划拨的审查、国有用地公开出让的审查；城乡规划由城乡规划部门负责，实施中负责依申请核发"规划选址意见书"、"建设用地规划许可证"、"建设工程规划许可证"或"乡村规划许可证"。

　　现实中，三个规划由于技术标准不统一；组织编制各自为政；繁琐的审批、调整程序各自运作，而互不衔接、相互矛盾。常常出现这样的情况：土地利用总体规划确定的建设用地，城乡规划不允许搞建设；或者城乡规划允许搞建设的，土地利用总体规划又确定为非建设用地；两个规划都明确不能搞建设的地方，又可能成为国民经济和社会发展规划确定建设项目的选址目标（附图 3-4、附图 3-5）。

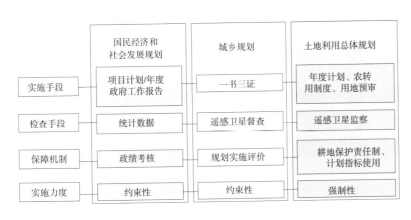

附图 3-4　"三规"不协调、不衔接

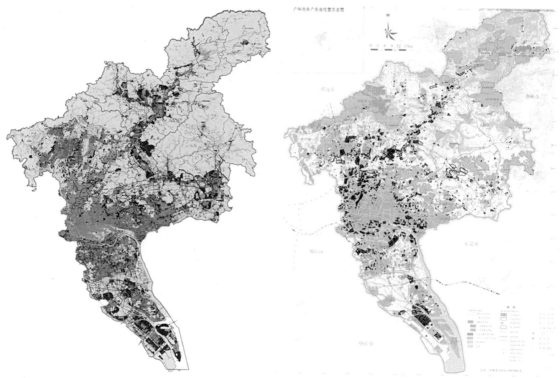

城市规划与土地利用规划图斑的矛盾　　　　国民经济和社会发展规划的重点项目难以落地

附图 3-5　城乡规划、土地利用规划、
重点项目选址图斑矛盾
（资料来源：《广州市三规合一成果》）

规划矛盾导致管理混乱，规划实施成为空话。随着《物权法》的颁布实施，行政相对人的法制意识不断健全，权益意识日益强化，管理的自相矛盾甚至引发多起针对地方政府的行政诉讼。

附录四："多规合一"的技术与政策

　　改革开放以来，伴随城镇化快速发展，空间管理呈现碎片化的趋势。国内相继建立了若干相对独立的空间规划体系，不同的规划由不同部门负责编制、审批与实施。应对发展的需要，不同的空间规划各自都在不断完善技术规范与管理法规。这个现象固然代表了空间管理的专业化、精细化，体现了对资源的关切与重视，也由于部门之间信息不共享、决策不协同，给整体带来了困惑。

　　2014年3月出台的国家《新型城镇化规划》中明确要求："探索推动经济社会发展规划、城市规划、土地利用规划等'多规合一'"。在此之前，2013年12月举行的中央城镇化工作会议明确提出"在县、市通过探索经济社会发展、城乡、土地利用规划的'三规合一'或'多规合一'，形成一个县市一本规划、一张蓝图，持之以恒加以落实"。2014年8月，国家发改委、国土资源部、环保部、住建部等四部委联合发布《关于开展市县"多规合一"试点工作的通知》。

　　"多规合一"的探索代表了空间管理中部门协同、政策统筹的尝试与创新。这种创新以信息共享为基础，决策协同为关键，行政效率提升为目标，追求科学与高效的空间管理。

一、矛盾的焦点：边界与空间管制

　　根据不完全统计，目前国内由政府出台的各类涉及空间的规划有80多种，有明确法律依据的有20多种。不同类型规划体系庞杂紊乱、各自为政，由不同部门负责，重纵向控制，轻横向衔接（附图4–1）。

　　最关键的三个规划是由发改部门负责的"国民经济和社会发展规划"，由城乡规划部门负责的"城乡规划"，以及由国土资源部门负责的"土地利用规划"。

　　"国民经济和社会发展规划"依据《中华人民共和国宪法修正案》（2004年）第99条"地方政府应该制定经济和社会发展规划"开展编制，是具有战略意义的指导性文件、发展的总体纲要。因其对城市发展的整体谋篇布局，以及负责计划、审批、实施重大交通、市政、民生以及经济发展项目，而对空间布局有重大的影响。

　　"城乡规划"依据《中华人民共和国城乡规划法》开展，负责在城乡规

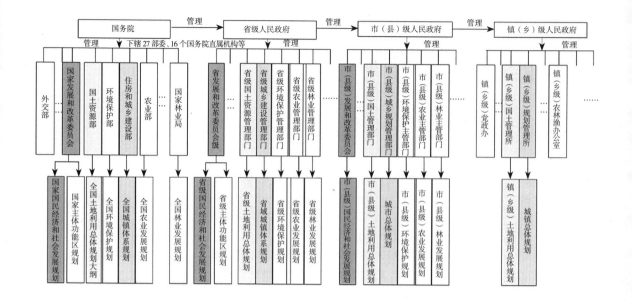

附图 4-1　多种空间规划体系并存

划区的范围内，确定城市空间发展战略、建设规模、环境和资源保护，以及各类交通、市政、公共服务设施的空间布局。

"土地利用规划"依据《中华人民共和国土地管理法》第 22 条"城市建设用地规模不得超过土地利用总体规划确定的城市和村庄、集镇建设用地规模"开展编制。土地利用规划重点是控制建设用地总量，严格限制农用地转为建设用地，对耕地实行特殊保护。

仅从法理上看，三个规划并不矛盾。国民经济和社会发展规划确定目标，决定城市发展内容。土地利用规划确定建设与非建设用地关系，划定城市空间范围。城乡规划处理建设用地问题，依据发展内容与目标在划定的空间范围内部署城市的空间格局。

现实中，三个规划互不衔接，关于空间管制上的内容相互矛盾。技术标准不统一；组织编制各自为政；繁琐的审批、调整程序各自运作是主要原因。

"十二五"（2011~2015 年）期间，环保❶、水务、园林❷、农业等行业开始探索建立各自的空间规划体系，出台了相关的规范和管理规定。"三规"矛盾的现象和问题同样存在于"多规"之间。具体表现为：各类空间边界矛盾、管制要求脱节。

"三规合一"是"多规合一"的基础。协调"三规"和"多规"，最重要的、最基本的工作是要把边界矛盾化解、把管制要求链接。

二、技术与政策：空间控制线

严格地讲，各类空间规划都是在一定空间尺度上，针对不同范围的空间对象，强制性或引导性地规定其使用要求。使用要求可以是功能、性质、强

---

❶　2012 年，环保部开展了首批 24 个城市环境总体规划编制试点工作，同年出台了《关于印发〈城市环境总体规划编制试点工作规程〉的通知》。

❷　2014 年，国家林业局编制了《推进生态文明建设规划纲要》，划定了林地和森林、湿地、沙区植被、物种 4 条国家林业生态红线。http://www.forestry.gov.cn/main。

度；也可以是具体的开发内容、配套设施建设要求；甚至是建筑造型、色彩乃至艺术性的要求等。界定空间对象的关键要素是"边界"；在公共管理领域，使用要求可以概括为"空间政策"。"边界"加"空间政策"构成了"空间管制"的主体。

"管制"容易使人联想起计划经济时代自上而下的管理，但两者是根本不同的。"空间管制"源于市场经济发达的制度环境中。市场不是万能的，在城镇化地区，空间开发具有显著的外部性，不恰当的开发会严重浪费资源，损耗整个社会的经济效率和社会效益。为了管理这种外部性，空间规划成为必然，开发管制是其核心。

现代城市规划可以追溯到19世纪初关于"田园城市"的畅想❶，伴随两次工业革命，历经两次世界大战及战后重建而快速发展起来。到1980年代，世界各国普遍建立起了完备的规划体系，配套开发管理规范和规定，"区划"（zoning by law）及依据"区划"进行开发建设的规划许可制度是其代表。

我国在计划经济时期，建立了"总体规划—详细规划"的体系。1990年代，伴随向市场经济转轨，开始探索"控制性详细规划"，同步建立了规划的行政许可制度。

"空间控制线"的探索较早是在城市规划领域开展的。自2002年到2006年间，建设部先后出台了城市"绿线"❷、"蓝线"❸、"紫线"❹和"黄线"❺管理办法，分别针对城市绿地、地表水体、历史文化街区和历史建筑以及城市交通、市政基础设施的规划管理作出规定。北京、上海、武汉以及广州等地也各自开展了"五线"（四线基础上增加"红线"❻）、"七线"（五线基础上增加"黑线"❼、"橙线"❽）规划工作。

城市规划的"四线"在学术界获得一片叫好的同时，在实践中却影响有限。究其原因，一方面由于"管理办法"过于技术化；更为关键的是缺乏明确的管制要求，偏重于如何编制，忽略了如何实施。

2005年，深圳市率先划定"基本生态控制线"，将自然保护区、风景名胜区、一级水源保护地，主干河流、水库及湿地，岛屿和海滨陆地以及重要的生态廊道等，占全市50%的范围划为控制区，并通过了《基本生态控制

---

❶ 霍华德在1898年出版《明日：一条通向真正改革的和平之路》，1902更名为《明日之田园城市》，其中定义了"田园城市"的基本概念与内容，被认为是现代城市规划的开端。

❷ 《城市绿线管理办法》（2002年）：要求在总规、控规阶段划定绿线。总规确定防护绿地、大型公共绿地等的绿线；控规应当提出不同类型用地的界线、规定绿化率控制指标和绿化用地界线的具体坐标。

❸ 《城市蓝线管理办法》（2006年）：总规、控规阶段划定蓝线。总规确定需要保护和控制的主要地表水体，明确保护和控制的要求；控规应当规定控制指标，附有明确的城市蓝线坐标和相应的界址地形图。

❹ 《城市紫线管理办法》（2003年）：在组织编制历史文化名城保护规划或城市总体规划时划定紫线，包括历史文化街区、历史建筑以及各级文物保护单位。

❺ 《城市黄线管理办法》（2006年）：在总规、控规阶段划定黄线。明确十一种城市基础设施，包括公共交通、供水、环境卫生、供燃气设施、供热、供电、通信、消防、防洪、抗震防灾、其他。

❻ "红线"也称"建筑控制线"，指城市规划管理中，控制城市道路两侧沿街建筑物或构筑物靠临街面的界线。

❼ "黑线"一般称"电力走廊"，指城市电力的用地规划控制线。建筑控制线原则上在电力规划黑线以外，建筑物任何部分不得突入电力规划黑线范围内。

❽ "橙线"是指为了降低城市中重大危险设施的风险水平，对其周边区域的土地利用和建设活动进行引导或限制的安全防护范围的界线。划定对象包括核电站、油气及其他化学危险品仓储区、超高压管道、化工园区及其他安委会认定须进行重点安全防护的重大危险设施。

线管理规定》。2013 年下半年，深圳市再次出台了《关于进一步规范基本生态控制线管理的实施意见》，提出设立保护标识，加强建设用地清退和生态修复，明确了基本生态控制线的优化调整程序。2014 年 7 月，广东省在全省组织开展了"生态控制线"划定的工作。

2014 年 1 月，环保部出台了《生态保护红线划定技术指南》，要求分国家、省域、市几个层级，按照重要生态功能区、生态敏感区与脆弱区、禁止开发区对重点生态功能区、生态环境敏感区和脆弱区等区域划定生态红线。环保部正在加快制定生态保护红线的管理办法，将探索实施负面清单制度，列清在红线划定区域内哪些活动不允许进行❶。

2015 年 1 月 5 日，国土资源部、农业部联合发文，部署开展永久基本农田划定工作，要求"按照从大城市到小城镇，从城镇周边到广阔农村的步骤时序，将城镇周边、交通沿线易被占用的优质耕地，已建成的高标准农田划为永久基本农田"。文件同时还提出："永久基本农田一经划定，不得随意调整或占用。除法律规定的国家能源、交通、水利、军事设施等国家重点建设项目选址无法避开外，其他任何建设项目都不得占用。"❷

另一项引起关注的控制线是"开发边界"的划定。2015 年住建部、国土资源部联合组织了开展试点工作。较早的有原建设部 2004 年出台的《城市规划编制办法》第 19 条规定的："划定中心城区空间增长边界，提出建设用地规模和建设用地范围"。

1970~1990 年代美国的"精明增长"运动针对城市蔓延，倡导紧凑型社区，为充分发挥基础设施的作用，提出划定"城市增长边界"（Urban Growth Boundary）。美国的"增长边界"附带有明确、严格的开发控制规定。如 1973 年美国俄勒冈州为其所有大城市划定了 UGB，禁止超过 UGB 新建任何居民区、公交系统和基础设施。1990 年代中期，美国规划协会发布《精明增长立法指南》（Growing Smart Legislative Guidebook）；1997 年马里兰州制定了《马里兰州精明增长法》（Maryland Smart Growth Act），通过划定城市增长边界，确保城市用地增长避开生态敏感区域和开敞空间。

相比较，国内早期关于"绿、蓝、黄、紫"控制线的尝试没有开发管制的内容；目前正试点开展的"增长边界"、"开发边界"也缺乏明确、清晰的管制要求；"生态红线"、"永久基本农田"控制线提出了"负面清单"及类似的设想，也还有待进一步深化、细化、制度化；深圳"生态控制线"同步制定"管理条例"的做法有所启发。

三、协调的关键：划定控制线及立法

"三规合一"的目的是协调相互矛盾的空间管制。空间管制的核心是"边界"加"空间政策"。划定空间控制线是化解矛盾、链接管制的重要工具。

可操作性强、实施效果好的"控制线"在于边界的准确、科学，更在于管制要求的清晰、明了。管制要求可以借鉴"负面名单"的做法，明确列出

---

❶ 环保部：生态保护红线管理办法将探索实施负面清单管理。资料来源：http://news.xinhuanet.com/2015-05/18。

❷ 国土资源部：国土资源部农业部联合部署划定永久基本农田。资料来源：http://www.mlr.gov.cn/xwdt/jrxw/201501/t20150106_1340462.htm。

禁止开发的项目类别。

协调国民经济和社会发展规划、土地利用规划和城乡规划，最基本的是明确是否允许开发、建设，即明确"建设用地"与"非建设用地"的边界；明确"生态保护地区"与"非生态保护地区"的边界。相应的控制线有两条：开发边界控制线、生态控制线（附图 4-2）。

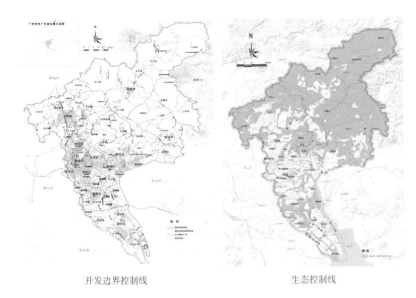

开发边界控制线　　　　　　　　生态控制线

附图 4-2　"三规合一"控制线
（资料来源：《广州市三规合一成果》）

不同城市有不同的自然本底，这两条控制线可能合二为一，如深圳的"基本生态控制线"、厦门的"生态控制线"（即为开发边界）❶，生态保护地区即非建设用地的范围，建设用地的范围即非生态保护的地区（附图 4-3）。二者也可能并不重合，在允许建设地区与生态保护地区间有一定的缓冲区域。比如广州的"生态控制线"与"开发边界"之间预留了近 800km² 的缓冲区域❷。

附图 4-3　生态控制线与开发边界

深圳市基本生态控制线

厦门市生态控制线

---

❶　参考《厦门市"三规合一"工作成果》。
❷　参考《广州市"三规合一"工作成果》。

空间控制线应明确空间管制的内容。以广州为例，"生态控制线"规定除了规定条款之外的一律不得开发建设（附表4-1）。"开发边界"规定了各类城乡建设必须在开发边界的范围内选址（附表4-2）。

生态控制线管制规定　　　　　　　　　附表 4-1

一级管制区准入项目	二级管制区准入项目
生态保护与修复工程	生态保护与修复工程
水资源保护工程	文化自然遗产保护
文化自然遗产保护	森林防火、应急救援设施
森林防火、应急救援设施	军事与安保设施
	必要的旅游交通、通信设施
	农村生活及配套服务设施
	垦殖生产基础设施
	公共基础设施
	公园或旅游服务设施

开发边界管制规定　　　　　　　　　附表 4-2

- 各类城乡建设须在线内选址。
- 城市控制性详细规划编制应在建设用地增长边界范围内进行。
- 建设项目选址于线内，且符合土地利用总体规划有条件建设区使用规定的，按照相关规定修改土地利用总体规划后，由各部门按优化后的行政审批流程审批

空间控制线还包括基本农田控制线、建设用地规模控制线、产业区块控制线。分别对应于基本农田保护、建设用地使用以及工业项目"集聚进园"作出了管制规定。集合起来，构成了"三规合一"的控制线体系（附表4-3）。

"三规合一"控制线体系　　　　　　　　　附表 4-3

控制线体系	管制规则
建设用地规模控制线	允许建设，建设内容必须符合土地利用总体规划、控制性详细规划控制要求。建设项目选址于线内，由各部门按优化后的行政审批流程审批
开发边界控制线	城乡空间扩展区域，各类城乡建设须在线内选址，满足一定条件时方可进行建设。城市控制性详细规划编制应在建设用地增长边界范围内进行。建设项目选址于线内，且符合土地利用总体规划有条件建设区使用规定的，按照相关规定修改土地利用总体规划后，由各部门按优化后的行政审批流程审批
产业区块控制线	新增工业制造及仓储项目必须入驻产业区块控制线内集聚发展。控制线内优先安排战略新兴产业、高新技术产业等符合国家产业政策和产业发展趋势的先进制造类项目及其配套设施。鼓励控制线内的现状已建工业用地产业项目升级改造。非工业类产业项目，如符合产业区块的产业定位，视同符合产业区块控制线管控要求，可在产业区块控制线内进行选址建设
生态控制线	除符合建设选址条件的重大道路交通、市政公用、公园和旅游设施及特殊项目，禁止在基本生态控制线范围内进行建设。线内已建合法建筑物、构筑物，不得擅自改建和扩建，范围内的原农村居民点应依据有关规划制定搬迁方案，逐步实施
基本农田控制线	线内禁止进行破坏基本农田的活动，不得擅自改变基本农田用途或者占用基本农田进行非农建设。按照《基本农田保护条例》进行管控

控制线体系，包括"边界"和"空间政策"，都不是一成不变的。在快速城镇化的今天，有效的空间管制必须是动态更新的。为此需要建立动态更新的制度和程序（附表4-4）。

控制线修改与修编规定　　　　　　　　　　　附表 4-4

类型	条件	修改程序
控制线修编	1）国民经济和社会发展规划、土地利用总体规划、城市总体规划等重大规划的修编； 2）行政区划调整； 3）城市发展战略调整； 4）重大自然灾害发生； 5）市政府认为应当修编的其他情形	对原方案的实施情况进行总结，并向广州市人民政府报告及提出修编申请。经广州市人民政府同意后，会同有关区（县级市）政府修编控制线管控方案，并依照原报批程序报批
控制线修改	符合下列情形之一，并符合土地利用总体规划修改情形的：①年度前期项目计划、土地储备计划中的项目经检测发现与控制线有冲突的，项目建设单位无法另行选址的；②建设单位报案时，建设项目经检测发现与控制线有冲突的，项目建设单位无法另行选址的	修改建设用地增长边界控制线、基本生态控制线的，应向城乡规划部门提出修改申请，经审核同意后，建设单位应编制控制线修改方案。城乡规划部门对修改方案进行审查，求市、区（市）政府相关职能部门意见，征求涉及地段利害关系人的意见。根据相关意见修改完善，经城市规划委员会审议通过后，报广州市人民政府批准
		修改建设用地规模控制线、非城乡建设用地控制线、城市生态绿地控制线、基本农田控制线的应由建设单位向国土房管部门提出控制线调整申请，并按照不同调整情况，与对应的土地利用总体规划修改、有条件建设区使用或占用多划基本农田等同步编制修改或使用方案，修改范围应按照《土地利用总体修改管理规定》确定
		涉及突破产业区块控制线、但在建设用地控制线范围内的新增工业制造及仓储项目，项目单位向市发展改革部门提出修改申请。市发展改革部门会经贸部门对修改方案进行审查，委托工程咨询机构完成对修改方案及规划修改对规划实施影响评估报告的评审论证工作，征求市、区（县级市）政府相关职能部门意见。涉及重大问题的项目由市发展改革部门上报市人民政府批准

立法是规范的前提。通过立法将"规则"，即"三规合一"控制线的"边界"加"空间政策"，固定下来，为三个规划各自的运作和管理提供了准绳，也提供了弹性的空间。

日常管理中只需增加核对控制线的环节即可从制度上保障"三规合一"。不违反控制线的情况，原则上就不涉及规划矛盾，不必每次都将三个规划的全部内容加以核对。违反了控制线的情况，意味着与其他规划相矛盾，视具体情况修改项目选址，或者依程序启动控制线修改。

仅从技术层面上讲，空间控制线因其简洁、明了，实施性强，方便监管，规范动态调整，较完整的规划成果更加去专业化，更加符合立法公开、公平、公正的基本原则。

四、"一张图"的空间管制

    "三规合一"控制线重点明确了城市建设与保护的空间边界，明确了边界也就明确了规模。但空间管制还必须解决对空间结构的引导与控制问题。城市规划与多种专项规划进行了大量的研究。关于空间结构的管制不缺内容，缺的是协调与统筹（附图 4-4）。

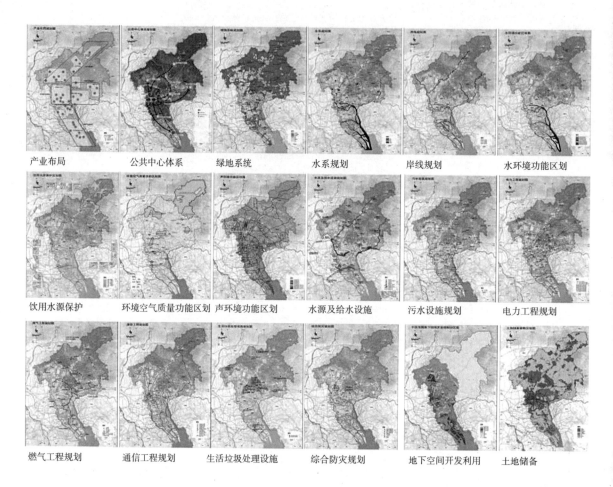

产业布局	公共中心体系	绿地系统
水系规划	岸线规划	水环境功能区划
饮用水源保护	环境空气质量功能区划	声环境功能区划
水源及给水设施	污水设施规划	电力工程规划
燃气工程规划	通信工程规划	生活垃圾处理设施
综合防灾规划	地下空间开发利用	土地储备

附图 4-4　不同部门编制的规划相互不协调

    "多规合一"是"三规合一"的延续，从"三规合一"到"多规合一"意味着将更多的空间规划纳入到"三规合一"的框架中来。"多规合一"的目的是协调不同空间规划边界的矛盾、链接空间管制的要求。"多规合一"并不取代其他的空间规划。尝试在"三规合一"的基础上发展更为系统的控制线体系将是行之有效的方法。

    我们认为重要的二级结构控制线包括：

    由园林、水务、规划、建设、国土等部门共同划定的"开放空间边界"，包括：公园绿地，防护绿地，水体、湿地、河涌，广场、街道、开敞空间，风廊、视廊等。

    由交通、市政、规划、建设、国土等部门共同划定的"交通枢纽与廊道控制线"，包括：机场、港口、客货道路交通枢纽，铁路、轨道（城际、轻轨、地铁），高速路、快速路、主干道。

由市政、城管、规划、建设等部门共同划定的"重大市政基础设施控制线"，包括：电力设施与高压走廊，燃气、油、给水、排水廊道，基站，垃圾、环卫设施等。

空间管制进一步向下衔接就涉及具体用地管制问题。这方面，控制性详细规划制度已经建立了完备的编制规范、标准，完善的审批和管理制度。需要不断探索跨部门协调、统筹的体制、机制，不断改进公共参与的效率，使其能真正落实"多规合一"的要求，实现"一张蓝图"管控（附图4-5）。

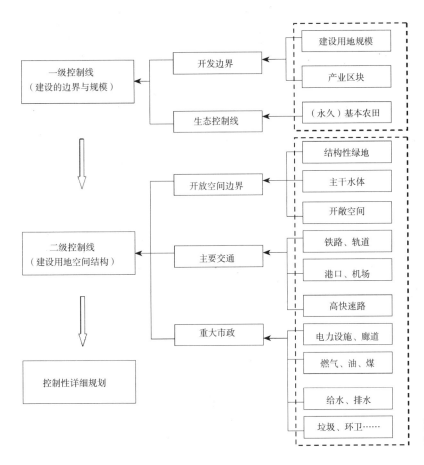

附图4-5 "一张蓝图"的空间管制体系

五、"一张图"与"十三五"规划

"十三五国民经济和社会发展规划"（简称"十三五规划"）是以国民经济和社会发展为对象编制的综合性和纲领性规划，是制定各项政策和年度计划的依据。"十三五"规划的规划期为2016~2020年。

按照惯例，"十三五"规划的主要内容包括指导性内容、行动纲领以及实施机制。指导性内容由总体目标、导向性内容组成；行动纲领包括发展重点领域、主要任务、重大项目空间布局等。

"十三五"规划的成果通常还包括图件，具体有：区位图、生产力总体布局图、功能区域布局图、产业布局图、城镇体系布局图、土地利用布局图、主要基础设施布局图、重要项目分布图等。图件与文本具有同等的法律效力。

"十三五"规划具有阶段性的特点，时间周期较短；关于土地利用、空间布局、产业布局的规划与项目建设挂钩，时序安排很关键。

"十三五"规划作为综合性规划与指导各项建设与政策制定的总体纲领，在空间布局上不可能、也不必要作出事无巨细的详细安排。通过与空间管制体系中一级、二级控制线的协调将可以达到"一张蓝图"管控的目标。

"十三五"规划的建设内容应在"一张图""一级控制线"的指导下开展。城市各项建设事业应在"开发边界"的范围内，不得违反"生态控制线"的规定，不得占用"永久基本农田控制线"的范围。

"十三五"规划基础设施、重要项目建设及布局应与"一张图""二级控制线"相协调。重大交通、市政基础设施应在"交通设施控制线"、"重大市政设施控制线"的引导下，与之相协调地作出安排，确需调整控制线的应按程序开展。

参考文献

中文部分

A

艾里克·拉斯谬森著.博弈与信息〔M〕.王晖等译.北京:北京大学出版社,2003.

B

保罗·萨缪尔森,威廉·诺德豪斯著.经济学〔M〕.萧琛译.北京:人民邮电出版社,2004.

C

柴国荣.长三角区域产业整合:现状与前景〔N〕.中国经济时报,2003-11-04.

陈油高.中国地区产业同构及其调整〔J〕.中国开放导报,1997,(5):7.

程玉鸿.基于城市群的城市竞争力研究〔D〕.广州.中山大学博士学位论文,2004.

崔功豪.中国城镇发展研究〔M〕.北京:中国建筑工业出版社,1992a.

崔功豪,王本炎.城市地理学〔M〕.南京:江苏教育出版社,1992b..

崔功豪,魏清泉,陈宗兴.区域分析与区域规划〔M〕.北京:高等教育出版社,1999.

D

戴汝为.复杂巨系统理论、方法、应用〔M〕.北京:科学技术文献出版社,1994.

戴汝为.复杂性问题研究综述:概念和研究方法〔J〕.自然杂志,1995,(2).

董烨然.我国地方市场保护的博弈分析〔J〕.洛阳工学院学报,2000,(1).

董黎明等.中国城市化道路〔M〕.北京:中国建筑工业出版社,1989.

F

《泛珠三角区域合作.珠江流域水污染防治规划》网上简介,2004年,下载自:http://www.gzhjbh.gov.cn.

方创琳.新时期区域发展规划的理论方法与实践〔D〕.中国地理科学院地理研究所博士论文,1998.

房庆方,杨细平,蔡瀛.区域协调和可持续发展——珠江三角洲经济区城市群规划及其实施〔J〕.城市规划,1997,(1):7-12.

冯兴元.中国辖区政府间竞争的理论分析框架〔EB/OL〕,2003.下载自:http://www.unirule.org.cn.

G

高春茂.日本的区域与城市规划体系［J］.国外城市规划,1994,（2）:
35–41.

顾朝林.中国城镇体系——历史、现状、展望［M］.北京:商务印书馆,
1992.

顾朝林,张勤.新时期城镇体系规划理论与方法［J］.城市规划汇刊,
1997,（2）.

官卫华,姚士谋,朱英明.关于城市群规划的思考［J］.地理学与国土研
究,2002,1: 54–58.

关于《珠三角土壤重金属污染严重,政府将调查》［N/OL］.广州日报,
2004–07–15.下载自 : http://www.southcn.com.

广东省建设委员会等.珠江三角洲经济区城市群规划— ——协调与持续
发展［M］.北京:中国建筑工业出版社,1996.

广东统计年鉴［M］.北京:中国统计出版社,2002.

关于《珠三角灰霾渐趋严重,揭开灰霾肆虐秘密》的报道［N/OL］.南
方都市报,2004–11–09. http://www.sina.com.cn.

关于《珠三角海域污染严重,未来将成死活》的报道［N/OL］.南方都市报,
2004–01–7 http://www.sina.com.cn

关于《珠三角酸雨污染严重》［N/OL］.羊城晚报,2002–12–04. http://
www.fjii.com.

H

何梦笔著.政府竞争:大国体制转型理论分析范式［Z］.陈凌译.维滕
大学讨论文稿第 42 期中译文,1999.

何添锦.中国加入 WTO 后长三角区域产业整合研究［J］.经济师,
2004,（10）:237–239.

侯启章.珠江三角洲城市群体研究［D］.广州:中山大学硕士学位论文,
1993.

胡序威,周一星,顾朝林.中国沿海城镇密集地区空间集聚与扩散研究
［M］.北京:科学出版社,2000.

黄丽.国外大都市区治理模式［M］.南京:东南大学出版社,2003.

J

简兆权.战略联盟的合作博弈分析［J］.数量经济技术研究,1999,（8）:
34–37.

姜德波.地区本位论［M］.北京:人民出版社,2004.

景志强.产业同构与同质竞争［J］.调查与思考,2004,（2）:39.

K

科斯,阿尔钦,诺斯.财产权利与变迁［M］//产权学派与新制度学派译
文集.上海:上海人民出版社,1994.

柯武刚,史漫飞.制度经济学——社会秩序与公共政策［M］.北京:商
务印书馆,2000.

L

李金英,杨文鹏.西部地区产业同构现象的博弈分析［J］.西安工程科
技学院学报,2002,16（2）:166–169.

李善同.中国中央——地方权限划分与区域管理模式历史回顾［M］//姜德波.地区本位论.北京：人民出版社，2004.

李世超.关于城市带的研究［J］.城市问题，1989，（2）.

李昭，文余远.我国区域之间产业同构作用及原因分析［J］.地域研究与开发，1998，17（4）：53-58.

刘澄，商燕.囚犯难题与地区产业结构协调［J］经济问题，1999，（3）：2-7.

刘芳，交通与城市发展关系研究综述［J］.经济问题探索，2008，（3）：57-62.

刘君德，汪宇明.制度与创新：中国城市制度的发展与改革新论［M］.南京：东南大学出版社，2000.

刘君德.论中国大陆大都市区行政组织与管理模式创新——兼论珠江三角洲的政区改革［J］.经济地理，2001，21（2）：201-209.

刘荣增.城镇密集区发展演化机制与整合［M］.北京：社会科学出版社，2003.

罗莉，鲁若愚.Shapley值在产学研合作利益分配博弈分析中的应用［J］.软科学，2001，25（5）：17-21.

罗小龙，张京祥.苏锡常多中心城市区域的城市竞争与管治模式的概念设计［M］//顾朝林等.城市管治：概念、理论、方法、实证.南京：东南大学出版社，2003.

里斯本小组著.竞争的极限：经济全球化与人类的未来［M］.张世鹏译.北京：中央编译出版社，2000.

M

迈尔森.博弈论——矛盾冲突分析［M］.北京：中国经济出版社，2001.

迈克尔·波特著.竞争优势［M］.陈小锐译.北京：华夏出版社，1997.

迈克尔·波特著.国家竞争优势［M］.李明轩等译.天下文化出版股份有限公司，1996.

芒福德著.城市发展史：起源，演变和前景［M］.倪文彦等译.北京：中国建筑工业出版社，1989.

毛其智.联邦德国的"空间规划"制度［J］.国外城市规划，1990，（4）：2-9.

美国城市规划八十年［J］.洪强译.国外城市规划，1991，（1）：48-55.

梅可玉.论自组织临界态与复杂系统的演化行为［J］.系统辩证学报，2004，12（10）：38-42.

孟庆云.区域经济一体化的概念与机制［J］.开发研究，2001，（2）.

苗长虹，樊杰，张文忠.西方经济地理学区域研究的新视角——论"新区域主义"的兴起［J］.经济地理，2002，22（6）：644-651.

苗东升.系统科学精要［M］.北京：中国人民大学出版社，1998.

N

倪鹏飞.中国城市竞争力报告［M］.北京：社会科学文献出版社，2003.

宁越敏，施倩，查志强.长江三角洲都市连绵区形成机制与跨区域规划研究［J］.城市规划，1998（1）：16-20.

P

潘安，吴超，朱江.规模、边界与秩序："三规合一"的探索与实践［M］.北京：中国建筑工业出版社，2014.

Q

钱颖一.市场与法治［M］//站在市场化改革前沿——吴敬琏教授从事经济研究50周年研讨会论文集.上海：上海远东出版社，2001.

R

任军锋.地域本位与国族认同［M］.天津：天津人民出版社，2004.

S

桑助来，张平平.政府绩效评估体系浮出水面［J］.瞭望，2004，（29）：24-25.

沈道齐，崔功豪.中国城市地理学近期进展［J］.人文地理，1997（特刊）.

沈建法.全球化世界中的城市竞争与城市管治［M］//顾朝林等.城市管治：概念、理论、方法、实证.南京：东南大学出版社，2003.

石忆邵，章仁彪.从多中心城市到都市经济圈——长江三角洲地区协调发展的空间组织模式［J］.城市规划汇刊，2001，（4）:53.

史育龙，周一星.戈德曼关于大都市带学术思想评价［J］.经济地理，1996，（9）.

史育龙，周一星.关于大都市带研究的论争及近今述评［J］.国外城市规划汇刊，1997，（2）:2-11.

斯蒂格里茨.政府在市场经济中的角色：政府为什么干预经济［M］.北京：中国物资出版社，1998.

孙大为，刘人境，汪应洛.区域经济合作的博弈论分析［J］.系统工程理论与实践，1998，（1）:32-39.

孙尚志.德国、荷兰的区域规划与区域开发［J］.自然资源，1994，（4）：70-80.

T

唐路，薛德升，许学强.1990年代以来国内大都市带研究回顾与展望［J］.城市规划汇刊，2003，（5）.

田莉，吕传廷，沈体雁.城市总体规划实施评价的理论与实证研究——以广州市总体规划（2001~2010年）为例［Z］，2008，5:90-96.

W

王凡.一些发达国家城市规划的趋势［J］.城市规划汇刊，1991，（2）:2-6.

王凤武.国外城市规划发展趋势［J］.城市规划，1991，（4）：42-46.

王缉慈等.创新的空间，企业集群与区域发展［M］.北京：北京大学出版社，2001.

王兴平.都市化：中国城市化的新阶段［J］.城市规划汇刊，2002（4）:56-59.

汪涛，曾刚.新区域主义的发展及对中国区域经济发展模式的影响［J］.人文地理，2003，18（5）：52-56.

吴超，魏清泉.区域协调发展系统与规划理念的分析［J］.地域研究与开发，2003，22（12）:6-10.

吴超，魏清泉."新区域主义"与我国的区域协调发展［J］.经济地理，2004，24（1）:2-7.

吴超，魏清泉.美国的"都市区域主义"及其引发的思考［J］.地域研究与开发，2005a，24（1）:6-12.

吴超，魏清泉.系统科学在区域发展研究中的应用［J］.人文地理，

2005b.

吴海滨, 李垣. 谢恩基于博弈观点的促进联盟合作机制设置 [J]. 系统工程理论方法应用, 2004, 13 (1):1-6.

吴良镛. 经济发达地区城市化进程中建筑环境的保护与发展 [J]. 城市规划, 1994, (5).

吴良镛. 京津冀北城乡之间发展规划研究——对该地区当前建设战略的探索之一 [J]. 城市规划, 2000, 24 (12):9-16.

吴良镛, 武廷海. 城市地区的空间秩序与协调发展——以上海及其周边地区为例 [J]. 城市规划, 2002, 26 (12):18-22.

吴良镛等. 京津冀地区城乡空间发展规划研究 [M]. 北京:清华大学出版社, 2002.

吴良镛. 城市地区理论与中国沿海城市密集地区发展 [J]. 城市规划, 2003, 27 (2):12-18.

吴启焰. 城镇密集区空间结构特征及演变机制——从城市群到大都市带 [J]. 人文地理, 1999, (1).

X

现代汉语词典 [M]. 北京:京华出版社, 2001.

许丰功, 易晓峰. 西方大都市政府和管治及其启示 [J]. 城市规划, 2002, (6):78-82.

许学强, 周一星, 宁越敏. 城市地理学 [M]. 北京:高等教育出版社, 1997.

许学强. 珠江三角洲市镇演变的空间模式的变化 [J]. 中山大学学报, 1987, (12).

许学强. 对外开放加速珠江三角洲市镇发展 [J]. 地理学报, 1998, (43).

许学强. 近年来珠江三角洲城镇发展特征与分析 [J]. 地理科学, 1989, (3).

许学强, 周春山. 论珠江三角洲大都会区的形成 [J]. 城市问题, 1994, (3).

薛凤旋. 都会经济区:香港与广东共同发展的基础 [J]. 经济地理, 2000, 20 (1):37-42.

徐永健, 许学强, 阎小培. 中国典型都市连绵区形成机制初探 [J]. 人文地理, 2000, (2).

Y

阎小培, 林初升, 许学强. 地理区域城市——永无止境的探索 [M]. 广州:广东高等教育出版社, 1994.

阎小培. 穗港澳都市连绵区的形成机制研究 [J]. 地理研究, 1997, (16).

阎小培. 信息产业与城市发展 [M]. 北京:城市科学出版社, 1999.

杨保军. 区域协调发展析论 [J]. 城市规划, 2004a, 28 (5):20-26.

杨保军. 我国区域协调发展的困境及出路 [J]. 城市规划, 2004b, 28 (8):26-35.

杨士饶. 系统科学导论 [M]. 北京:农业出版社, 1986.

杨小凯. 最近西方经济学界对中国经济的研究 [J]. 信报财经月刊, 1994.

阳国亮, 何元庆. 地方保护主义的成因及其博弈分析 [J]. 经济学动态,

2002，（8）.

姚士谋等.中国的城市群［M］.北京：中国科学技术出版社，1999.

姚士谋等.中国的城市群［M］.北京：中国科学技术出版社，2001.

余丹林，魏也华.国际城市、国际城市区域以及国际化城市研究［J］.国外城市规划，2003，18（1）：47-51.

叶民强.双赢策略与制度激励：区域可持续发展评价与博弈分析［M］.北京：社会科学文献出版社，2002.

于洪俊，宁越敏.城市地理学概论［M］.合肥：安徽科学技术出版社，1983.

袁纯清.共生理论：兼论小型经济［M］.北京：经济科学出版社，1998：67.

Z

臧跃茹.关于打破地方市场分割问题的研究［J］.改革，2000，（6）.

张钹.近10年人工智能的进展［J］.模式识别与人工智能，1995，（8）.

张京祥.城镇群体空间组合［M］.南京.东南大学出版社，2000.

张京祥，沈建法，黄钧尧.都市密集地区区域管治中行政区划的影响［J］.城市规划，2002，26（9）：40-44.

张启成.意大利城市规划的若干特点［J］.国外城市规划，1987（2）:36-40.

张尚武.长江三角洲城镇密集地区形成及发展的历史特征［J］.城市规划汇刊，1999，（1）：40-46.

张庭伟.中国规划走向世界［J］.城市规划汇刊，1997，（1）：5-9.

张维迎.博弈论与信息经济学［M］.上海：上海人民出版社，1999.

张知彬.生态复杂性研究——综述与展望［J］.生态学报，1998，（4）.

郑天祥.催育以港穗为中心的珠江三角洲城市带的形成［J］.港澳经济，1990，（8）.

中山大学城市与区域研究中心.珠江三角洲城市群规划——社会经济协调发展专题［Z］，2003，（6）.

周干峙.城市及其区域：一个开放的特殊复杂的巨系统［J］.城市规划，1997，（2）：4-7.

周素红.城市交通与用地组织.2011.

周一星，史育龙.建立中国城市的实体地域概念［J］.地理学报，1995，（4）.

周一星.中国城市体系和区域倾斜战略探讨［M］//张秉沈，陈吉元，周一星.中国城市化道路宏观研究.哈尔滨：黑龙江人民出版社，1991.

朱文晖.走向竞合——珠三角与长三角经济发展比较［M］.北京：清华大学出版社，2003.

朱英明.我国城市群区域联系的理论与实证研究［D］.南京：中国科学院南京地理所博士学位论文，2000.

珠江三角洲经济区规划办，广东省计委合编.珠江三角洲经济规划研究（上、中、下卷）［M］.广州：广东经济出版社，1995.

英文部分

Albrechts L., Healey P., Kunzmann K.R. Strategic Spatial Planning and Regional Governance in Europe［J］. APA Journal, 2003, 69（2）：113-129.

Allen J., Massey D., Cochrane A. Rethinking the Region [M]. London : Routledge, 1998.

Amin A., Thrift N. Globalization, Institutional "Thickness" and the Local Economy [J] //P.

Arvind P. Strategic Alliance Structuring: A Game Theoretic and Transaction Cost Examination of Inter Firm Cooperation. Academy of Management, 1993, 38:794-829.

Barras R. Technical Change and the Urban Development Cycle [J]. Urban Studies, 1987 (24).

Boudeville J.R. Problems of Regional Planning [M]. Edingburgh : Edingburgh University Press, 1966.

Brenner N. Decoding the Newest "Metropolitan Regionalism" in the USA: A Critical Overiew [J]. Cities, 2002, 19 (1): 3-21.

Brotchie J., et al.The Future of Urban Form [M]. London: Croom Helm, 1985.

Brunn S.D., Williams J.Cities of the World: Regional Urban Development[M]. New York: Harper and Row Publishing Inc., 1983.

Bryant C.R., Russwurn L.H., Mclellan A.G. The City's Countryside: Land and Its Management in the Rural-Urban Fringe [M]. New York: Longman Inc, 1982.

Castellas M. The Information City [M]. Oxford: Blackwell Press, 1989.

Clarke S., Gaile G. The Work of Cities [M].Minneapolis : University of Minnesota Press, 1998.

Commons J.Institutional Economics Its Place in Political Economy [M]. The Macmillan Company, 1934.

Daniels T. When City and Country Collide: Managing Growth in the Metropolitan Fringe [M]. Washington, DC: Island Press, 1999.

Dickinson R. The City Region in Western in Europe [M]. London, 1967 : 11-12.

Doxiadis C.A. Man's Movement and His Settlement [J]. Ekistics, 1970, 129 (174).

Douglass M. World City Formation on the Asia Pacific Rim: Poverty, "Everyday" Forms of Civil Society and Environmental Management [M] //M. Douglass, J. Friedmann, eds. Cities for Citizens. Chichester: John Wiley & Sons, 1998 : 107-138.

Elkin S.L. City and Regime in American Republic [M].Chicago: University of Chicago Press.

Fainstein N.I., Fainstein S.S. Restructuring the City [M]. New York: Longman, 1983.

Fainstein S., Fainstein N. Economic Development Policy in the US Federal System under the Reagan Administration [M] //C.Rickvance, E.Preteceille.eds. State Restructuring and Local Power: A Comparative Perspective. London and New York: Pinter Publishers, 1991 : 149-169.

Fishman R. The Death and Life of American Regional Planning. [M] // B. Katz.Reflections on Regionalism. Washington, DC: Brookings Institution,

2000:107–126.

Friedmann J., Alonso W. Regional Development and Planning: A Reader. [M].Cambridge: MIT Press, 1964.

Friedmann J. A Concept Model for the Analysis of Planning Behavior [J]. Administrative Science Quarterly, 1967, (12): 225–252.

Friedmann J., Weaver C. Territory and Function: The Evolution of Regional Planning [M]. London: Edward Arnold, 1979.

Friedmann J. The World City Hypothesis [J]. Development and Change, 1986, (17): 69–83.

Friedmann J. Where We Stand: A Decade of World City Research [M] // P. Knox, P. Taylor, eds. World Cities in a World System. New York: Cambridge University Press, 1995: 21–47.

Garreau J. Edge City: Life on the Frontier [M]. New York: Doubleday, 1991.

Geddes P. Cities in Evolution [Z], 1915.

Ginsburg N. The Dispersed Metropolitan: The Case of Okayama [J]. Toshi Mondai, 1961: 631–640.

Ginsburg N. Extended Metropolitan Regions in Asia: A New Spatial Paradigm [M].Hong Kong: Paper Presented at the Chinese University of Hong Kong.

Gottman J. Megalopolis: Or the Urbanization of the Northeastern Seaboard [J]. Economic Geography, 1957, (33): 189–200.

Gore C. Regions in Questions: Space, Development Theory and Regional Policy [M]. New York : Mathuen, 1984.

Hagerstrand T. Innovation Diffusion as a Spatial Process [M].Chicago : University of Chicago Press, 1968.

Hamilton D.K. Governing Metropolitan Areas: Response to Growth and Change [M]. New York and London : Garland Publishing, 1999.

Hamnett C. Social Polarization in Global Cities [J]. Urban Studies, 1994, 31 (3):401–424.

Hirschman A. O. The Strategy of Economic Development [M].Conan: Yale University Press, 1958.

Haggett P., Cliff A.D. Location Models [M]. Edwards Arnold Ltd, 1977.

Hall P. Global City–Regions in the Twenty–First Century. [M] //Scott A., ed. Global City Regions. New York: Oxford University Press, 2001 : 59–77.

Howard E. Tomorrow: A Peaceful Path to Real Reform, [Z], 1898.

Iain Deas, Kevin G. Ward.From the "New Localism" to the "New Regionalism" ? The Implications of Regional Development Agencies for City–Regional Relations [EB/OL], 2000. www.elsevier.com/locate/polgeo.

Isard W. Introduction to Regional Science [M]. Englewood Cliffs : Prentice–Hall, 1975.

Jeffrey J.R. Contractual Renegotiations in Strategic alliance [J]. Journal of Management, 2002, 28 (1): 47–68.

Jeffry S., Giles C. Megacity Management in the Asian and Pacific Region [Z].

The Asian Development Bank, 1996.

Key V.O. Southern Politic: In State and Nation [M]. Vintage Book, 1949.

Kresl P. The Determinants of Urban Competitiveness [M] //Kresl P., Gap Pert, ed. North American Cities and the Global Economy: Challenges and Opportunities. London: Sage Publication, 1995.

Lauria M. Reconstructing Urban Regime Theory: Regulating Urban Politics in a Global Economy [M]. London: Sage Publication, 1997.

Lefebvre H. The Production of Space [M]. Cambridge: Blackwell, 1974.

Lefebvre H. Metropolitan Government and Governance in Western Countries: A Critical Overview [J]. International Journal of Urban and Regional Research, 1998, 22 (1): 9–25.

Markku S., Reija L. Urban Competitiveness and Management of Urban Policy Networks: Some Reflection Tampered and Lulu [M] .London: Paper Presented in Conference Cities at the Millennium, 1998.

Mcgee T.G. Urbanisasi or Kotadesasi? Evolving Pattern of Urbanization in Asia [M] //Paper Presented to the International Conference on Asia Urbanization. Akron: The University of Akron, 1985.

Mcgee T.G. The Emergence of Desakota Regions in Asia: Expanding a Hypothesis [M] //N. Ginsburg, B., Koppel, Mcgee T.G., eds. The Extended Metropolis: Settlement Transition in Asia. Honolulu: University of Hawaii Press, 1991: 3–25.

Moudon A.V., Hess P. Suburban Clusters: The Nucleation of Multifamily Housing in Suburban Areas of the Central Puget Sound [J]. Journal of the American Planning Association, 2000, 66 (3): 243–264.

Myrdal G. Economic Theory and Underdeveloped Regions [M]. London: Duckworth, 1957.

Nathan M. The New Regionalism: Strategies and Governance in the English Regions [M]. Manchester: Center for Local Economic Strategies, 2000.

Orfeld M. Metropolitics: A Regional Agenda for Community and Stability. Washington, DC: Brookings Institution Press & Cambridge : Lincoln Institute of Land Policy, 1997.

Painter J. State and Governance [M] //Sheppard E., Barnes T.J., ed. A Companion to Economic Geography. Oxford: Blackwell Publication, 2000.

Perroux F.Note on the Concept of Growth Poles [M] //Livingstone L., ed. Economic Policy for Development: Selected Presiding. Harmondsworth, 1955:278–289.

Pierre J. Models of Urban Governance: The Institutional Dimension of Urban Politics [J]. Urban Affairs Review, 1999, 34 (3): 372–396.

Qian Y., Wingast B. . Beyond Decentralization: Market–Preserving Federalism with Chinese Characteristics [Z]. Working Paper. Stanford University. Department of Economics, 1994a.

Qian Y., Roland G. Soft Budget Constraints in Public Enterprises and Regional Decentralization: The Case of China [Z]. Working paper. Stanford University. Department of Economics, 1994b.

Relph E. The Modern Urban Landscape [M]. London: Croom Heim, 1987.

Rostow W. W. The Stages of Economic Growth: A Non-Communist Manifesto [M]. Cambridge: Cambridge University Press, 1960.

Sassen S.The Global City: New York, London, Tokyo [M]. Princeton: Princeton University Press, 1991.

Scott A. J., Agnew J., Soja E. W., et al. Global City Regions: Trends, Theory and Policy [M]. Oxford: Oxford University Press, 2001: 11-30.

Scott A. J., Storper M., Regions, Globalization, Development [J]. Regional Studies, 2003, 37 (6): 579-593.

Shapley L. S. Cores of Corvex Game [J]. International Journal of Game Theory, 1971, (1): 11-26.

Skinner G .W. Marketing and Social Structure in Rural China [J]. Journal of Asian Studies, 1965, (25).

Soja E. Post-Metropolis [M] .Cambridge : Blackwell, 2000.

Stephen M. W. The New Regionalism—Key Characteristics of an Emerging Movement [J]. Journal of the American Planning, 2002, 68 (3): 267-277.

Stoper M. Wheel. The Regional World: Territorial Development in a Global Economy [M]. New York: The Guilford Press, 1997.

Swyngedouw E. Neither Global Nor Local: "Glocalization" and the Politics of Scale [M] //K.Cox, ed.Spaces of Globalization New York: Guilford Press, 1997:137-166.

Tassilo Herrschel, Peter Newman. Governance of Europe's City Regions: Planning, Policy and Politics [M]. London: Routledge, 2002.

Wallis A. D. Evolving Structures and Challenges of Metropolitan Regions [J]. National Civic Review, 1994a:40-53.

Wallis A. D. Inventing Regionalism: The First Two Waves [J]. National Civic Review, 1994b : 159-175.

Wallis A. D. Regions in Action: Crafting Regional Governance under the Change of Global Competitiveness [J]. National Civic Review, 1996, 85 (2): 15-25.

Whebell C. F. Corridors: A Theory of Urban Systems [J]. Annals, Association of American Geographer, 1969, 59 (1): 1-26.

Wilfred J. Ethier. The New Regionalism in the Americas: A Theoretical Framework[J]. The North American Journal of Economics and Finance, 2001,(2): 159 -172.

Williamson J. Regional Inequity and the Process of National Development: A Description of the Patterns [J]. Economic Development and Cultural Change, 1965.

Yeung H.W. K. From the Global City to Globalizing Cities: Views from a Developmental City-State in Pacific Asia [Z]. Paper Presented at the IRFD World Forum on Habitat International Conference on Urbanizing World and UN Human Habitat II. Columbia University, New York City, USA, 4-6 June 2001.

后　记

　　地理学界、区域与城市规划学界有许多描述城镇密集分布地区空间景观的概念和词汇，比如：城镇群、城镇密集区、大都市带等。"城市区域"其实是经济学家在研究经济全球化时，发现生产组织全球化的同时，在地方层面往往围绕着一到两个区域经济的核心城市（世界城市、准世界城市）不断深化着"区域化"。相邻城镇间经济、社会密切联系，空间相向拓展、彼此交叠。

　　"城市区域"既是代表地区、国家参加全球经济竞争的地理单元，也是地方社会、经济组织的主要空间载体，往往是人口、生产活动、经济总量非常集中的所在。其能否协调、可持续发展不仅关乎经济竞争力，更关乎国计民生。

　　我国东南沿海的几个城镇密集分布区域属于典型的"城市区域"。伴随不断深入的改革开放，全面加入世界贸易组织，"城市区域"正深度参与经济全球化，也受到全球化产业分工、经济竞争的深刻影响。城镇之间既有竞争，更需要合作。

　　一方面，"一荣俱荣、一损俱损；合则两利、分则两伤"是再简单不过的道理。全球化时代没有单打冠军，只有团体冠军。必须在区域层面建立起社会、经济组织的框架。

　　另一方面，伴随快速城镇化，举国上下从南到北的大小城镇都经历了人口快速集聚，建设用地快速蔓延的"增长"。这种"增长"带来了诸多社会、生态和资源问题。在"城市区域"中尤甚，已经到了迫在眉睫的危及关头。必须在区域层面建立起生态保护、资源保护、空间增长和基础设施协调的管理框架。

　　"城市区域"的组织和管理必须能够回应、协调两个层面的互动：城市之间的"局部规则"和区域协作的"共生秩序"。

　　"局部规则"负责规范城市间的竞争与合作，既要防止"公地的悲哀"，无利可图的区域公共设施缺位；也要防止"搭便车"；更要防止"劣币驱逐良币"，竞相污染环境、浪费资源，导致整个区域不可逆的环境破坏。同时，"局部规则"必须鼓励有益、合理的竞争，激发城市创新发展的积极性。

　　"共生秩序"负责引导区域作为一个整体向着既定目标发展，提供区域资源开发、环境保护、土地利用以及基础设施协调的管理框架。区域规划是常用的手段和方法，确保区域生态安全、粮食安全是底线。

　　不夸张地讲，"城市区域"是国之重器，肩负了国家发展、社会进步、民族复兴的重任。其"局部规则"和"共生秩序"是可持续发展"一枚硬币的正面和反面"。代表了市场与政府、竞争与调控的互动调节。深入分析其机理、把握其规律，既任重道远，又时不我待。

限于作者的能力和见识，本书只是在这些方面作了些粗浅的讨论，权当抛砖引玉。文中观点不当和错漏之处在所难免，责任全由作者一人承担。

本书是在作者攻读博士期间完成的博士论文的基础上，完善改写而成的。感谢博士生导师魏清泉教授在博士就读期间给予的谆谆教诲和殷殷指导。

感谢潘安先生在写作过程中的讨论和审查，每每总能给予关键的建议和意见。

感谢林坚教授、蔡赢先生认真审阅初稿，提出宝贵的意见。

感谢李洪斌先生、王其东先生在本书写作过程中提供的帮助。

感谢笔者家人在本书写作过程中给于的理解和支持！